飞思考试中心
Fecit Examination Center

National Computer Rank Examination

全国计算机等级考试

上机考试题库

——三级数据库技术

全国计算机等级考试命题研究中心 编著
飞思教育产品研发中心
未来教育教学与研究中心 联合监制

電子工業出版社
Publishing House of Electronics Industry
北京·BEIJING

内容简介

本书依据教育部考试中心最新发布的《全国计算机等级考试考试大纲》，在最新上机真考题库的基础上编写而成。本书在编写过程中，编者充分考虑等级考试考生的实际特点，并根据考生的学习规律进行科学、合理的安排。达标篇、优秀篇的优化设计，充分节省考生的备考时间。

全书共4部分，主要内容包括：上机考试指南、上机考试试题、参考答案及解析及2009年9月典型上机真题。

本书配套光盘在设计的过程中充分体现了人性化的特点，其主体包括两部分内容：上机和笔试。通过配套软件的使用，考生可以提前熟悉上机考试环境及考试流程，提前识“上机真题之庐山真面目”。

本书可作为全国计算机等级考试培训和自学用书，尤其适用于考生在考前冲刺使用。

图书在版编目（CIP）数据

全国计算机等级考试上机考试题库. 三级数据库技术 / 全国计算机等级考试命题研究中心编著.

北京：电子工业出版社，2010.1

（飞思考试中心）

ISBN 978-7-121-09606-8

I. 全… II.全… III.①电子计算机－水平考试－习题②数据库系统－水平考试－习题 IV.TP3-44

中国版本图书馆CIP数据核字（2009）第174393号

责任编辑：杨鸲　赵树刚

印　　刷：涿州市京南印刷厂

装　　订：涿州市桃园装订有限公司

出版发行：电子工业出版社

北京市海淀区万寿路173信箱　邮编：100036

开　　本：880×1230　1/16　印张：10.75　字数：550.4千字

印　　次：2010年1月第1次印刷

印　　数：6 000册　　定价：24.80元（含光盘1张）

凡所购买电子工业出版社图书有缺损问题，请向购买书店调换。若书店售缺，请与本社发行部联系，联系及邮购电话：（010）88254888。

质量投诉请发邮件至zlts@phei.com.cn，盗版侵权举报请发邮件至dbqq@phei.com.cn。

服务热线：（010）88258888。

如何顺利通过上机考试

“全国计算机等级考试”在各级考试中心、各级考试专家和各考点的精心培育下，现已得到社会各界的广泛认可，并有了很高的知名度和权威性。除四级外各级考试均用上机，而上机考试一直令许多考生望而却步，如何能顺利通过上机考试呢?

全国计算机等级考试专业研究机构——未来教育教学与研究中心历时8年，累计对两万余名考生的备考情况进行了调查研究，通过对最新考试大纲、命题规律、历年真题的分析，结合考生复习规律和备考习惯，在原有7次研发修订的基础上，对本书又进行了大规模修订和再研发，希望能帮助考生高效通过上机考试。

1. 真考题库、不断更新

本书源自最新真考题库，同时收录了历年更新题目，最大范围地覆盖了真考试题。

2. 基础篇、达标篇、优秀篇

- 基础篇：覆盖上机考试的所有考点和题型。适合学、练结合，使考生掌握绝大部分上机题的解法；通过“基础篇”内容的学习，考生可以基本掌握真考题库中90%试题的解法，有效避免题海战术。
- 达标篇：比基础篇题目稍难，覆盖所有考点和题型，适合以练为主，查漏补缺；若熟练掌握“达标篇”的内容，则考生已经可以顺利通过上机考试了。
- 优秀篇：题目较难，覆盖所有考点和题型，适合基础较好的考生练习；通过本篇的练习，可以巩固提高所学到的知识，保证过关万无一失。

3. 视频教学、考前串讲、专家辅导

参加专业培训是快速通过考试的捷径，然而高昂的报班费用令很多考生望而却步，为此，我们精心制作了考前串讲视频教学课程随书赠送。课程中，专家系统讲解了考试所涉及的考点、典型例题和应试技巧，旨在帮助考生达到和参加专业培训一样的备考效果，高效通过上机考试。

4. 模拟考试、智能评分、考试题库

登录、抽题、答题、交卷与真考一模一样，评分系统、评分原理与真考完全相同，让考生在真考环境下综合训练、模拟考试。模拟考试系统采用考试题库试题，考试中原题出现率高，且提供详细的试题解析和标准答案，学习笔记等辅助功能亦可使复习事半功倍。

“师傅领进门、修行在个人”，大量考生备考实例表明：只要结合“3S学习法”的优化思路，合理使用好本书及智能考试模拟软件，就能轻松地通过上机考试。

丛书编委会

目　录

第一部分　上机考试指南

1.1　三级数据库技术考试大纲………………………………（2）
1.2　上机考试环境及流程……………………………………（3）
　1.2.1　考试环境简介 ……………………………………（3）
　1.2.2　上机考试流程演示 ………………………………（3）
1.3　上机考试题型剖析………………………………………（5）

第二部分　上机考试试题

2.1　基础篇 ……………………………………………………（11）
　第1套　上机考试试题 ……………………………………（11）
　第2套　上机考试试题 ……………………………………（11）
　第3套　上机考试试题 ……………………………………（12）
　第4套　上机考试试题 ……………………………………（13）
　第5套　上机考试试题 ……………………………………（13）
　第6套　上机考试试题 ……………………………………（13）
　第7套　上机考试试题 ……………………………………（14）
　第8套　上机考试试题 ……………………………………（15）
　第9套　上机考试试题 ……………………………………（16）
　第10套　上机考试试题……………………………………（16）
　第11套　上机考试试题……………………………………（17）
　第12套　上机考试试题……………………………………（18）
　第13套　上机考试试题……………………………………（18）
　第14套　上机考试试题……………………………………（19）
　第15套　上机考试试题……………………………………（20）
　第16套　上机考试试题……………………………………（21）
　第17套　上机考试试题……………………………………（22）
　第18套　上机考试试题……………………………………（22）
　第19套　上机考试试题……………………………………（23）
　第20套　上机考试试题……………………………………（24）
2.2　达标篇 ……………………………………………………（25）
　第21套　上机考试试题……………………………………（25）
　第22套　上机考试试题……………………………………（25）
　第23套　上机考试试题……………………………………（26）
　第24套　上机考试试题……………………………………（27）
　第25套　上机考试试题……………………………………（27）
　第26套　上机考试试题……………………………………（28）
　第27套　上机考试试题……………………………………（29）
　第28套　上机考试试题……………………………………（30）
　第29套　上机考试试题……………………………………（31）
　第30套　上机考试试题……………………………………（31）
　第31套　上机考试试题……………………………………（32）
　第32套　上机考试试题……………………………………（33）
　第33套　上机考试试题……………………………………（33）
　第34套　上机考试试题……………………………………（34）
　第35套　上机考试试题……………………………………（34）
　第36套　上机考试试题……………………………………（35）
　第37套　上机考试试题……………………………………（36）
　第38套　上机考试试题……………………………………（36）
　第39套　上机考试试题……………………………………（37）
　第40套　上机考试试题……………………………………（38）
　第41套　上机考试试题……………………………………（39）
　第42套　上机考试试题……………………………………（39）
　第43套　上机考试试题……………………………………（40）
　第44套　上机考试试题……………………………………（41）
　第45套　上机考试试题……………………………………（41）
　第46套　上机考试试题……………………………………（42）
　第47套　上机考试试题……………………………………（43）
　第48套　上机考试试题……………………………………（43）
　第49套　上机考试试题……………………………………（44）
　第50套　上机考试试题……………………………………（45）
　第51套　上机考试试题……………………………………（45）
　第52套　上机考试试题……………………………………（46）
　第53套　上机考试试题……………………………………（47）
　第54套　上机考试试题……………………………………（48）
　第55套　上机考试试题……………………………………（49）
　第56套　上机考试试题……………………………………（49）
　第57套　上机考试试题……………………………………（50）
　第58套　上机考试试题……………………………………（51）
　第59套　上机考试试题……………………………………（52）
　第60套　上机考试试题……………………………………（53）
　第61套　上机考试试题……………………………………（53）
　第62套　上机考试试题……………………………………（54）
　第63套　上机考试试题……………………………………（55）
　第64套　上机考试试题……………………………………（55）
　第65套　上机考试试题……………………………………（56）
　第66套　上机考试试题……………………………………（57）
　第67套　上机考试试题……………………………………（58）

第68套　上机考试试题 …………………… (59)
第69套　上机考试试题 …………………… (59)
第70套　上机考试试题 …………………… (60)
第71套　上机考试试题 …………………… (61)
第72套　上机考试试题 …………………… (61)
第73套　上机考试试题 …………………… (62)
第74套　上机考试试题 …………………… (63)
第75套　上机考试试题 …………………… (63)
第76套　上机考试试题 …………………… (64)
第77套　上机考试试题 …………………… (65)
第78套　上机考试试题 …………………… (66)
第79套　上机考试试题 …………………… (67)
第80套　上机考试试题 …………………… (67)
第81套　上机考试试题 …………………… (68)
第82套　上机考试试题 …………………… (69)
第83套　上机考试试题 …………………… (70)
第84套　上机考试试题 …………………… (71)
第85套　上机考试试题 …………………… (71)
第86套　上机考试试题 …………………… (72)
第87套　上机考试试题 …………………… (73)
第88套　上机考试试题 …………………… (73)
2.3　优秀篇 …………………… (74)
第89套　上机考试试题 …………………… (74)
第90套　上机考试试题 …………………… (75)
第91套　上机考试试题 …………………… (76)
第92套　上机考试试题 …………………… (76)
第93套　上机考试试题 …………………… (77)
第94套　上机考试试题 …………………… (78)
第95套　上机考试试题 …………………… (78)
第96套　上机考试试题 …………………… (79)
第97套　上机考试试题 …………………… (79)
第98套　上机考试试题 …………………… (80)
第99套　上机考试试题 …………………… (81)
第100套　上机考试试题 …………………… (81)

第三部分　参考答案及解析

3.1　基础篇 …………………… (84)
第1套　参考答案及解析 …………………… (84)
第2套　参考答案及解析 …………………… (84)
第3套　参考答案及解析 …………………… (85)
第4套　参考答案及解析 …………………… (86)
第5套　参考答案及解析 …………………… (87)
第6套　参考答案及解析 …………………… (87)
第7套　参考答案及解析 …………………… (88)
第8套　参考答案及解析 …………………… (90)
第9套　参考答案及解析 …………………… (91)
第10套　参考答案及解析 …………………… (92)
第11套　参考答案及解析 …………………… (93)
第12套　参考答案及解析 …………………… (94)
第13套　参考答案及解析 …………………… (94)
第14套　参考答案及解析 …………………… (95)
第15套　参考答案及解析 …………………… (96)
第16套　参考答案及解析 …………………… (97)
第17套　参考答案及解析 …………………… (97)
第18套　参考答案及解析 …………………… (98)
第19套　参考答案及解析 …………………… (99)
第20套　参考答案及解析 …………………… (100)
3.2　达标篇 …………………… (100)
第21套　参考答案及解析 …………………… (100)
第22套　参考答案及解析 …………………… (101)
第23套　参考答案及解析 …………………… (102)
第24套　参考答案及解析 …………………… (102)
第25套　参考答案及解析 …………………… (103)
第26套　参考答案及解析 …………………… (104)
第27套　参考答案及解析 …………………… (105)
第28套　参考答案及解析 …………………… (105)
第29套　参考答案及解析 …………………… (106)
第30套　参考答案及解析 …………………… (107)
第31套　参考答案及解析 …………………… (107)
第32套　参考答案及解析 …………………… (108)
第33套　参考答案及解析 …………………… (109)
第34套　参考答案及解析 …………………… (109)
第35套　参考答案及解析 …………………… (109)
第36套　参考答案及解析 …………………… (110)
第37套　参考答案及解析 …………………… (111)
第38套　参考答案及解析 …………………… (112)
第39套　参考答案及解析 …………………… (112)
第40套　参考答案及解析 …………………… (113)
第41套　参考答案及解析 …………………… (113)
第42套　参考答案及解析 …………………… (114)
第43套　参考答案及解析 …………………… (115)
第44套　参考答案及解析 …………………… (115)
第45套　参考答案及解析 …………………… (116)
第46套　参考答案及解析 …………………… (116)
第47套　参考答案及解析 …………………… (117)
第48套　参考答案及解析 …………………… (118)
第49套　参考答案及解析 …………………… (118)
第50套　参考答案及解析 …………………… (119)
第51套　参考答案及解析 …………………… (119)
第52套　参考答案及解析 …………………… (120)

第53套　参考答案及解析 …………………… (121)
第54套　参考答案及解析 …………………… (121)
第55套　参考答案及解析 …………………… (122)
第56套　参考答案及解析 …………………… (122)
第57套　参考答案及解析 …………………… (123)
第58套　参考答案及解析 …………………… (124)
第59套　参考答案及解析 …………………… (124)
第60套　参考答案及解析 …………………… (125)
第61套　参考答案及解析 …………………… (125)
第62套　参考答案及解析 …………………… (126)
第63套　参考答案及解析 …………………… (126)
第64套　参考答案及解析 …………………… (127)
第65套　参考答案及解析 …………………… (127)
第66套　参考答案及解析 …………………… (128)
第67套　参考答案及解析 …………………… (129)
第68套　参考答案及解析 …………………… (129)
第69套　参考答案及解析 …………………… (130)
第70套　参考答案及解析 …………………… (131)
第71套　参考答案及解析 …………………… (131)
第72套　参考答案及解析 …………………… (132)
第73套　参考答案及解析 …………………… (133)
第74套　参考答案及解析 …………………… (133)
第75套　参考答案及解析 …………………… (134)
第76套　参考答案及解析 …………………… (135)
第77套　参考答案及解析 …………………… (135)
第78套　参考答案及解析 …………………… (136)
第79套　参考答案及解析 …………………… (136)
第80套　参考答案及解析 …………………… (137)
第81套　参考答案及解析 …………………… (137)
第82套　参考答案及解析 …………………… (138)
第83套　参考答案及解析 …………………… (138)
第84套　参考答案及解析 …………………… (139)
第85套　参考答案及解析 …………………… (139)
第86套　参考答案及解析 …………………… (140)
第87套　参考答案及解析 …………………… (141)
第88套　参考答案及解析 …………………… (141)
3.3　优秀篇 …………………………………… (142)
第89套　参考答案及解析 …………………… (142)
第90套　参考答案及解析 …………………… (143)
第91套　参考答案及解析 …………………… (144)
第92套　参考答案及解析 …………………… (144)
第93套　参考答案及解析 …………………… (145)
第94套　参考答案及解析 …………………… (145)
第95套　参考答案及解析 …………………… (146)
第96套　参考答案及解析 …………………… (147)
第97套　参考答案及解析 …………………… (147)
第98套　参考答案及解析 …………………… (148)
第99套　参考答案及解析 …………………… (148)
第100套　参考答案及解析 …………………… (149)

第四部分　2009年9月典型上机真题

4.1　2009年9月典型上机真题 ………………… (152)
第1套　上机真题 ……………………………… (152)
第2套　上机真题 ……………………………… (152)
第3套　上机真题 ……………………………… (153)
第4套　上机真题 ……………………………… (154)
第5套　上机真题 ……………………………… (154)
第6套　上机真题 ……………………………… (155)
第7套　上机真题 ……………………………… (156)
第8套　上机真题 ……………………………… (157)
第9套　上机真题 ……………………………… (158)
第10套　上机真题 …………………………… (159)
4.2　参考答案 …………………………………… (159)

附　录

附录1　运算符的优先级与结合性 …………… (160)
附录2　C语言关键字 ………………………… (161)
附录3　C语言库函数 ………………………… (161)

第一部分

Part 1

上机考试指南

报　名

考生须携带身份证（户口本、军人身份证件或军官证皆可）及两张一寸免冠照片，到就近考点报名。填写报名信息，缴纳报名费，并领取一份考试通知单

领取准考证

一般在考前一个月左右，考生需携带上述的相关证件，以及考试通知单到考点换取准考证，注意要现场核对身份信息，有问题还可以修改

模拟考试

一般在考前一周左右，考生可以携带上述证件和准考证到考点参加模拟考试，考生最好不要错过

正式考试

携带上述证件、2B铅笔、蓝（黑）色签字笔、橡皮等考试工具在指定时间到达考点，一般上午考笔试，下午考上机（有的考生可能会推迟一两天）

成绩查询

按照准考证背面的提示，在指定时间（一般为考后一个月左右）查询成绩，查询方式有多种，考生届时要多关注网上的相关信息，或与考点联系

领取证书

查询考试成绩通过后，考生需与考点联系，在指定的时间，携带上述相关证件到考点领取证书，并需交纳证书费用

1.1　三级数据库技术考试大纲

基本要求

1. 掌握计算机系统和计算机软件的基本概念、计算机网络的基本知识和应用知识、信息安全的基本概念。
2. 掌握数据结构与算法的基本知识并能熟练应用。
3. 掌握并能熟练运用操作系统的基本知识。
4. 掌握数据库的基本概念,深入理解关系数据模型、关系数据理论和关系数据库系统,掌握关系数据语言。
5. 掌握数据库设计方法,具有数据库设计能力。了解数据库技术发展。
6. 掌握计算机操作,并具有用C语言编程、开发数据库应用(含上机调试)的能力。

考试内容

一、基本知识

1. 计算机系统的组成和应用领域。
2. 计算机软件的基础知识。
3. 计算机网络的基础知识和应用知识。
4. 信息安全的基本概念。

二、数据结构与算法

1. 数据结构、算法的基本概念。
2. 线性表的定义、存储和运算。
3. 树形结构的定义、存储和运算。
4. 排序的基本概念和排序算法。
5. 检索的基本概念和检索算法。

三、操作系统

1. 操作系统的基本概念、主要功能和分类。
2. 进程、线程、进程间通信的基本概念。
3. 存储管理、文件管理、设备管理的主要技术。
4. 典型操作系统的使用。

四、数据库系统基本原理

1. 数据库的基本概念,数据库系统的构成。
2. 数据模型概念和主要的数据模型。
3. 关系数据模型的基本概念、关系操作和关系代数。
4. 结构化查询语言SQL。
5. 事务管理、并发控制、故障恢复的基本概念。

五、数据库设计和数据库应用

1. 关系数据库的规范化理论。
2. 数据库设计的目标、内容和方法。
3. 数据库应用开发工具。
4. 数据库技术发展。

六、上机操作

1. 掌握计算机基本操作。
2. 掌握C语言程序设计的基本技术、编程和调试。
3. 掌握与考试内容相关知识的上机应用。

考 试 方 式

1. 笔试:120 分钟,满分 100 分。

2. 上机考试:60 分钟,满分 100 分。

1.2　上机考试环境及流程

1.2.1　考试环境简介

1. 硬件环境

上机考试系统所需要的硬件环境,见表 1.1。

表 1.1　硬件环境

CPU	1GHz 相当或以上
内　　存	512MB 以上(含 512MB)
显　　卡	SVGA 彩显
硬盘空间	500MB 以上可供考试使用的空间(含 500MB)

2. 软件环境

上机考试系统所需要的软件环境,见表 1.2。

表 1.2　软件环境

操作系统	中文版 Windows XP
应用软件	中文版 Microsoft Visual C++6.0 和 MSDN 6.0

3. 题型及分值

全国计算机等级考试三级数据库技术上机考试满分为 100 分,只有一道编程题。

4. 考试时间

全国计算机等级考试三级数据库技术上机考试时间为 60 分钟。考试时间由上机考试系统自动计时,考试结束前 5 分钟系统自动报警,提醒考生及时存盘。考试时间结束后,上机考试系统自动将计算机锁定,考生不能继续进行考试。

1.2.2　上机考试流程演示

考生考试过程分为登录、答题和交卷 3 个阶段。

1. 登录

在实际答题之前,需要进行考试系统的登录。一方面,这是考生姓名的记录凭据,系统要验证考生的“合法”身份;另一方面,考试系统也需要为每一位考生随机抽题,生成一份三级数据库技术上机考试的试题。

(1)启动考试系统。双击桌面上的“考试系统”快捷方式,或从“开始”菜单的“程序”中选择“第?(? 为考次号)次 NCRE”命令,启动“考试系统”,登录界面如图 1.1 所示。

(2)输入准考证号。单击图 1.1 中的“开始登录”按钮或按回车键进入“身份验证”窗口,如图 1.2 所示。

图 1.1　登录界面

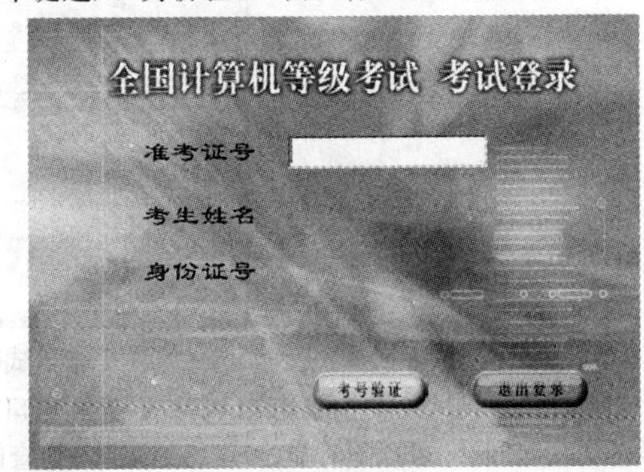

图 1.2　身份验证

(3)考号验证。考生输入准考证号,单击图1.2中的"考号验证"按钮或按回车键后,可能会出现两种情况的提示信息。

- 如果输入的准考证号存在,将弹出考生信息窗口,要求考生对准考证号、姓名及身份证号进行验证,如图1.3所示。如果准考证号错误,单击"否(N)"按钮重新输入;如果准考证号正确,单击"是(Y)"按钮继续。

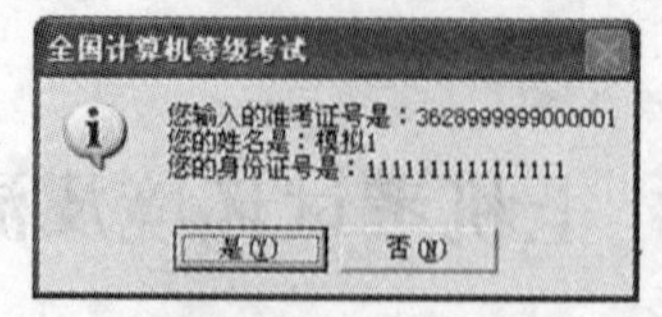

图1.3　验证信息

- 如果输入的准考证号不存在,上机考试系统会显示相应的提示信息,并要求考生重新输入准考证号,直到输入正确或单击"是(Y)"按钮退出考试系统为止,如图1.4所示。

图1.4　错误提示

(4)登录成功。当上机考试系统抽取试题成功后,屏幕上会显示三级数据库技术的上机考试须知,考生单击"开始答题并计时"按钮开始考试并计时,如图1.5所示。

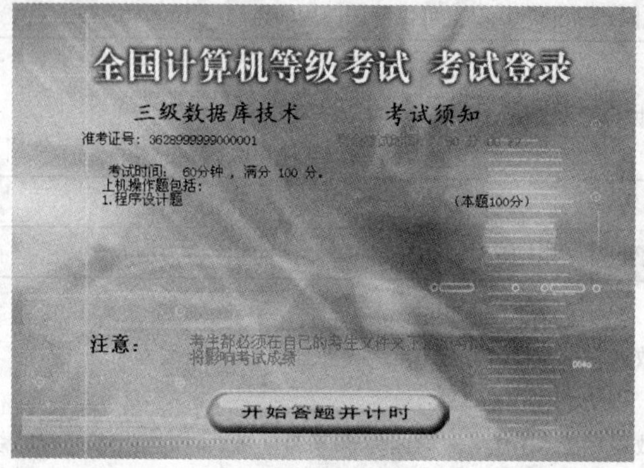

图1.5　考试须知

2. 答题

(1)试题内容查阅窗口。登录成功后,考试系统将自动在屏幕中间生成试题内容查阅窗口,至此,系统已为考生抽取一套完整的试题,如图1.6所示。

当试题内容查阅窗口中显示上下或左右滚动条时,表示该窗口中的试题尚未完全显示,因此,考生可用鼠标操作显示余下的试题内容,防止因漏做试题而影响考试成绩。

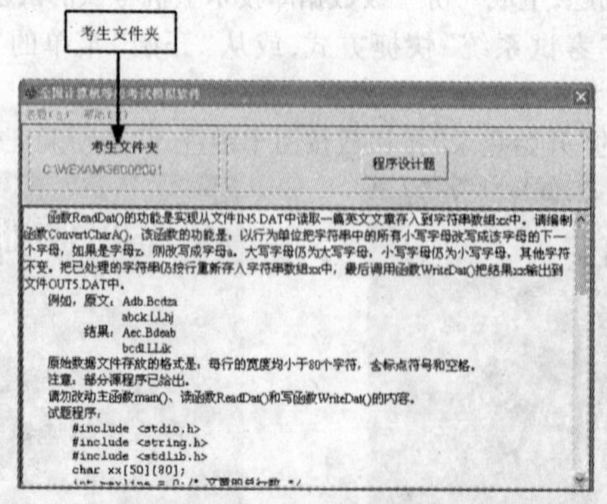

图1.6　试题内容查阅窗口

(2)考试状态信息条。屏幕中间出现试题内容查阅窗口的同时,屏幕顶部显示考试状态信息条,其中包括:①考生准考证号、姓名、考试剩余时间;②可以随时显示或隐藏试题内容查阅窗口的按钮;③退出考试系统进行交卷的按钮。"隐藏窗口"字符表示屏幕中间的考试窗口正在显示着,当用鼠标单击"隐藏窗口"字符时,屏幕中间的考试窗口就被隐藏,且"隐藏窗口"字符串变成“显示窗口”，如图 1.7 所示。

图 1.7　考试状态信息条

(3)启动考试环境。在试题内容查阅窗口中，选择“答题”菜单下的“启动 Visual C++6.0”菜单命令，即可启动 Visual C++的上机考试环境，考生可以在此环境下答题。

3. 考生文件夹

考生文件夹是考生存放答题结果的唯一位置。考生在考试过程中所操作的文件和文件夹绝对不能脱离考生文件夹，同时绝对不能随意删除此文件夹中的任何文件及文件夹，否则会影响考试成绩。考生文件夹的命名是系统默认的，一般为准考证号的前 2 位和后 6 位。假设某考生登录的准考证号为“3628999999000001”，则考生文件夹为“K:\考试机机号\36000001”。

4. 交卷

在考试过程中，系统会为考生计算剩余考试时间。在剩余 5 分钟时，系统会显示一个提示信息，如图 1.8 所示。考试时间用完后，系统会锁住计算机并提示输入“延时”密码。这时考试系统并没有自行结束运行，它需要输入延时密码才能解锁，解锁后计算机会回到考试界面，考试系统会自动再运行 5 分钟，在此期间可以单击“交卷”按钮进行交卷处理。如果没有进行交卷处理，考试系统运行到 5 分钟时，又会锁住计算机并提示输入“延时”密码，这时还可以使用延时密码。只要不进行“交卷”处理，可以“延时”多次。

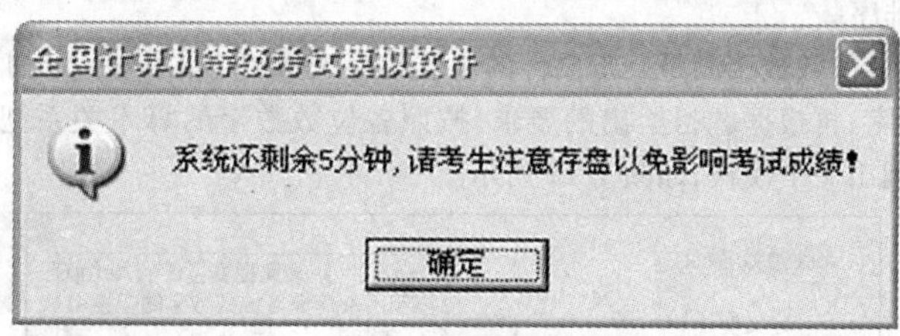

图 1.8　信息提示

如果考生要提前结束考试并交卷，则在屏幕顶部显示窗口中单击“交卷”按钮，上机考试系统将弹出如图 1.9 所示的信息提示框。此时考生如果单击“确定”按钮，则退出上机考试系统进行交卷处理，单击“取消”按钮则返回考试界面，继续进行考试。

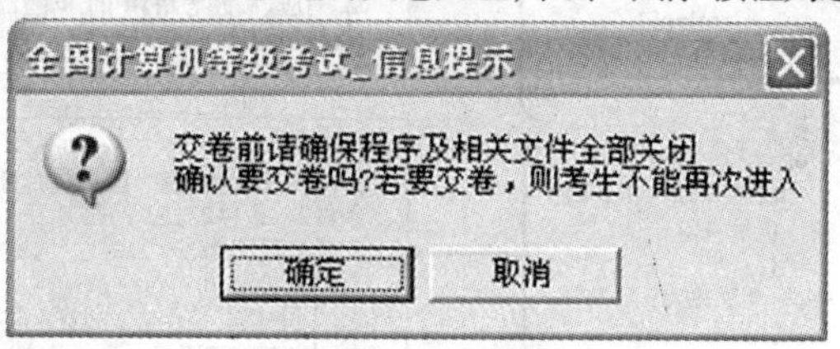

图 1.9　交卷确认

如果进行交卷处理，系统首先锁住屏幕，并显示“系统正在进行交卷处理，请稍候!”，当系统完成了交卷处理，在屏幕上显示“交卷正常，请输入结束密码：”，这时只要输入正确的结束密码就可结束考试。

注：交卷过程不删除考生文件夹中的任何考试数据。

1.3　上机考试题型剖析

三级数据库技术上机考试究竟考什么、怎么考，对于考生来说是至关重要的。本部分内容就是通过对题库中试题的仔细分析，总结出上机考试的重点、难点。仔细阅读本部分内容，可以了解本书的框架，对后面的学习能起到事半功倍的作用。

三级数据库技术考查的是 C 语言在 Visual C++6.0 环境下的基本技术、编程和调试。考生应在掌握 C 语言基础知识的基础上，多进行上机练习。根据考查知识点及题型，三级数据库技术上机主要有以下几种类型。

1. 销售记录排序问题

销售记录排序问题主要考查结构体数组的排序问题。考查的知识点包括：结构体成员运算、字符串比较符、数组元素排序。考查的形式是要求对结构体数组中 100 条记录进行排序，每条记录包括代码（字符型）、产品名称（字符型）、单价（整型）、数量（整型）、金额（长整型）5 个成员。题目一般要求按某个成员对 100 个记录排序，如果该成员相等，则按另一成员排序。这类题实质上是对数组的排序，只不过在排序时需要加一个条件判断语句。对于本类题型，我们归纳出一个模板，供大家学习参考，如图 1.10 所示。

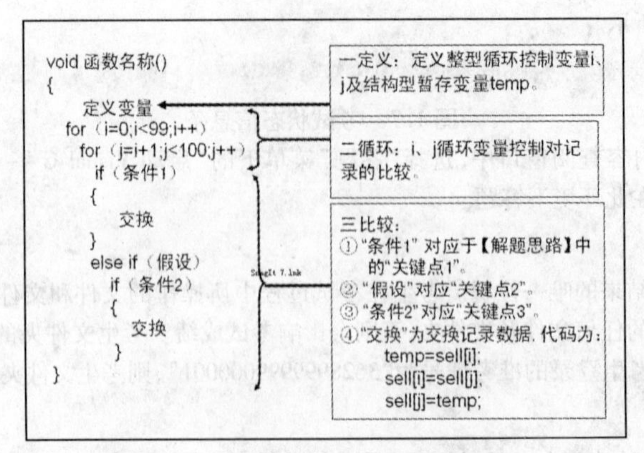

图 1.10　销售记录排序问题(模板一)

2. 4 位数排序或筛选问题

本类题型主要考查对数组的排序、筛选和求平均值。考查的知识点主要包括：数组排序、多位整数的分解算法、逻辑表达式及求平均值。根据具体考查的内容，本类题型又分为下面几类。

1）根据各位数数字的关系排序

本类题考查的形式是要求对各位数数字满足一定条件的 4 位数存入数组中，并按一定的顺序排序。在解题时，需要应用求余及整除运算求出各位数的数字，再根据题目给出的要求，按照各位数数字的算术关系把筛选出满足条件的数存入数组中，最后排序。本类题也可以归纳出一个模板，如图 1.11 所示。

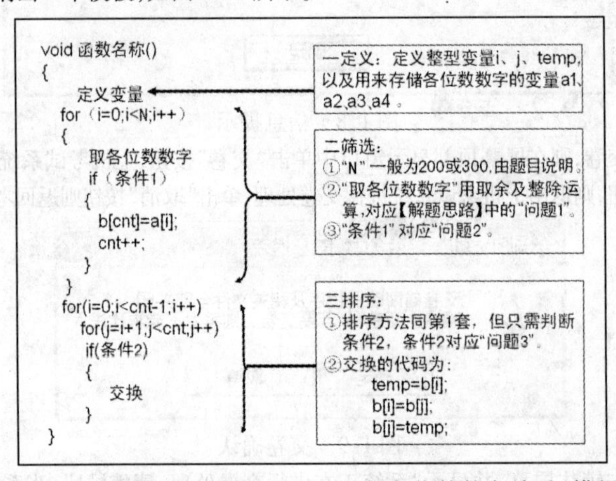

图 1.11　4 位数排序及筛选(1)——根据各位数数字关系(模板二)

2）组成 2 位数，再筛选排序

本类题考查的形式是要求将各位数数字组成两个 2 位数，再根据 2 位数的属性把选出满足条件的 4 位数存入数组并进行排序。与上类题型不同的是分解出各位数数字后，不是直接根据各位数数字的关系筛选，而是根据组成的 2 位数的属性筛选。本类题也可以归纳出一个模板，如图 1.12 所示。

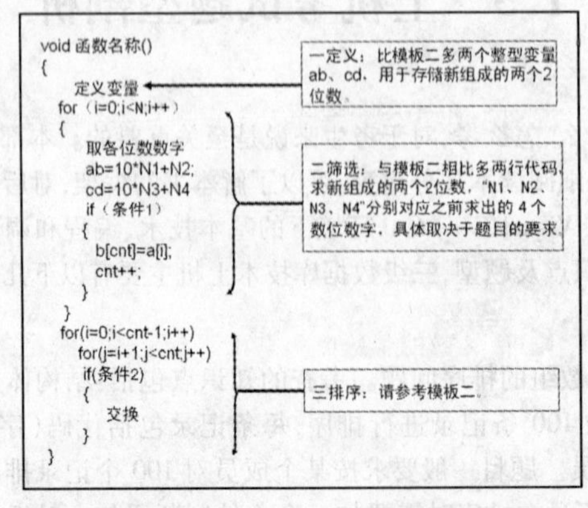

图 1.12　4 位数排序及筛选(2)——组成 2 位数再筛选排序(模板三)

3）统计及求平均值

本类题考查的形式是求出各位数数字后，根据题目对各位数数字的要求，统计满足和不满足条件的数的个数及总值，并求出对应的平均值。本类题也可以归纳出一个模板，如图 1.13 所示。

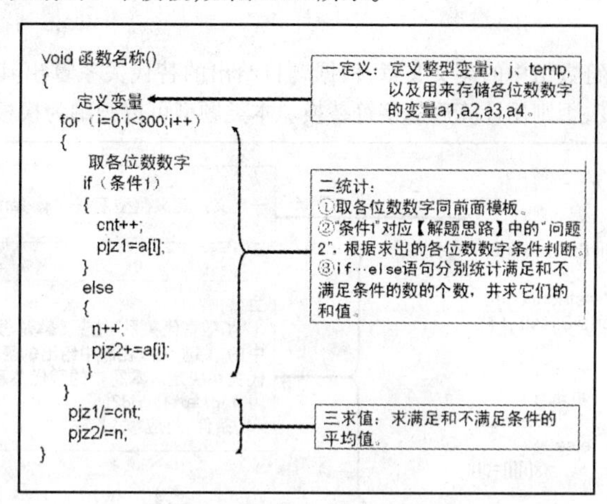

图 1.13　4 位数排序及筛选(3)——统计及求平均值(模板四)

4)4 位数之间的比较

本类题型考查形式是比较相邻的 5 个 4 位数的大小，并将满足条件的 4 位数存入数组中进行排序。解题时，与前几类题不同的是不需要求出各位数数字，而是取出每个 4 位数和相邻的 5 个数进行比较，满足条件的则将该数存入数组，否则跳过，判断下一个数字。本类题也可以归纳出一个模板，如图 1.14 所示。

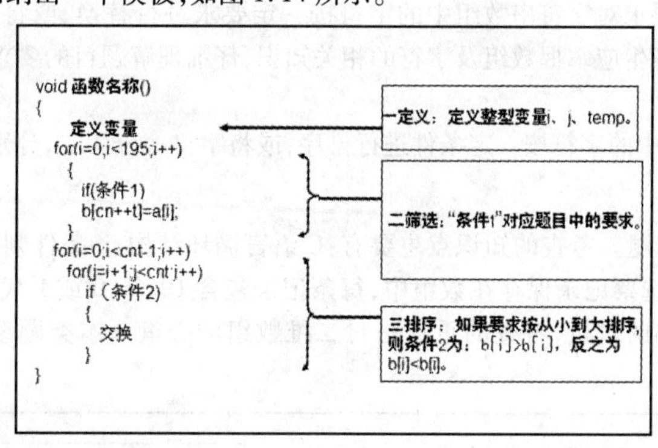

图 1.14　4 位数排序及筛选(4)——4 位数之间的比较(模板五)

3. 数据排序问题

本类题型考查的是正整数的排序，考查知识点主要包括：数组元素的排序算法、if 判断语句、逻辑表达式，以及求余运算等。

本类题型相对来说没有很明显的规律，但主要考查的内容还是数组的排序。在解题时，应仔细理解题目的要求，灵活求解。

4. 数学类问题

本类题型变化较多，不好把握，所以考生应多花时间，把它作为重点来复习。考查的知识点主要有：数组访问、if 判断语句、逻辑表达式，以及求平均值。

1）数学计算类

本类题型和数学联系较密切，题目一般给出一个数学关系式，根据该关系式求出满足条件的数或计算一定的值。

2）一定范围内查找

本类题型一般要求统计一定范围内满足条件的数的个数或筛选出一定范围内满足条件的数。

3）统计及平均值问题

本类题型一般要求统计奇偶数的个数或求出满足条件的数的平均值。此类题型变化较多，请考生参考我们给的答案解析，自己总结规律。

5. 英文文章、字符串操作问题

本类题型主要考查对字符的比较、替换和移位运算等。考查的知识点主要有:字符 ASCII 码的算术运算、if 判断语句,以及逻辑表达式。

1) 字符串替换

本类题型一般要求对存储在字符数组中的英文文章,根据题目给出的替代关系算出其 ASCII 码,如果计算后的 ASCII 码满足题目给定的要求,则该字符不变,否则用计算后的字符替换。本类题型可以归纳为模板,如图 1.15 所示。

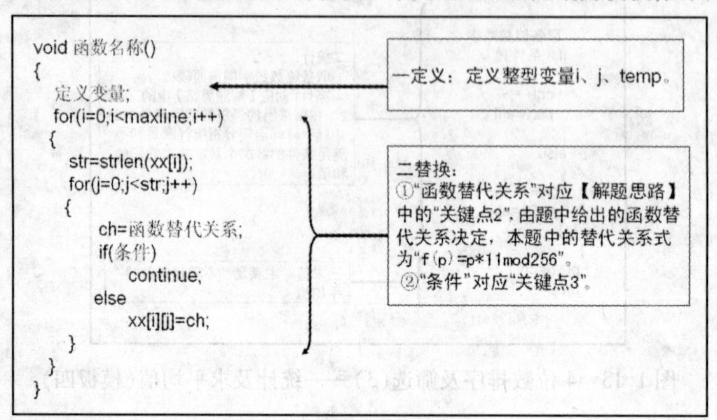

图 1.15　英文文章、字符串操作——字符串替换(模板六)

2) 字符串更改或移动

本类题型相对变化较多,一般要求对字符串数组中的字符按一定要求进行替换,或将字符移位后,再根据一定的条件替换为新的字符。本类题型较灵活,考生应掌握数组及字符的相关知识,仔细理解题目的要求。

3) 字符串排序及调换问题

本类题型一般要求对字符数组中的字符按一定条件进行排序,或将字符一分为二,分别对左右两边的字符排序或调换。

6. 选票问题

本类题型考查的是选票统计问题。考查的知识点主要有:C 语言循环结构、if 条件判断结构、逻辑表达式和二维数组的操作。在这类题中,一般将 100 个选票记录保存在数组中,每条记录包含 10 个(0 或 1 代表对 10 个人的选票)选票,题目一般要求按某种条件统计每个人选票的数量,考查的重点是对二维数组的查询。本类题型可以归纳出一个模板,如图 1.16 所示。

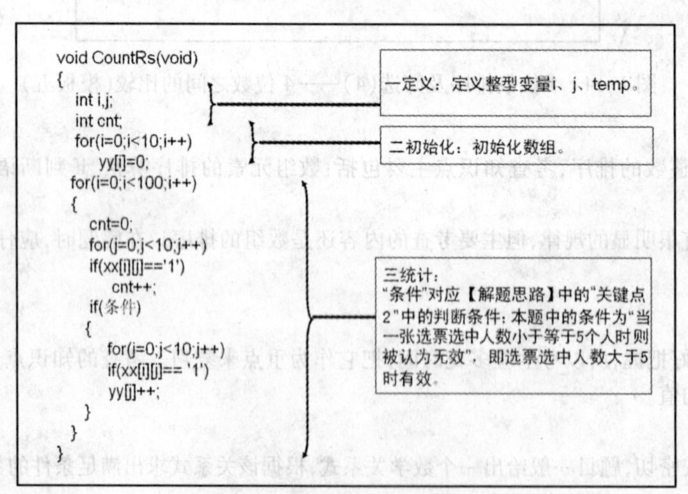

图 1.16　选票问题(模板七)

第二部分

Part

上机考试试题

2

目前市场上绝大多数上机参考书都提供大量的题目，受此误导很多考生深陷题海战术之中不能自拔，走进考场之后感觉题目似曾相识，做起来却全无思路，最终导致在上机考试中折戟沉沙。

本部分在深入研究上机真考题库的基础上，对上机考试的题型和考点加以总结。按考点分布、考试题型和题目难度，将上机考试试题分为“基础篇”、“达标篇”和“优秀篇”3 部分。使考生不再迷失于题海，帮助考生在更短的时间内投入更少的精力，顺利通过上机考试。

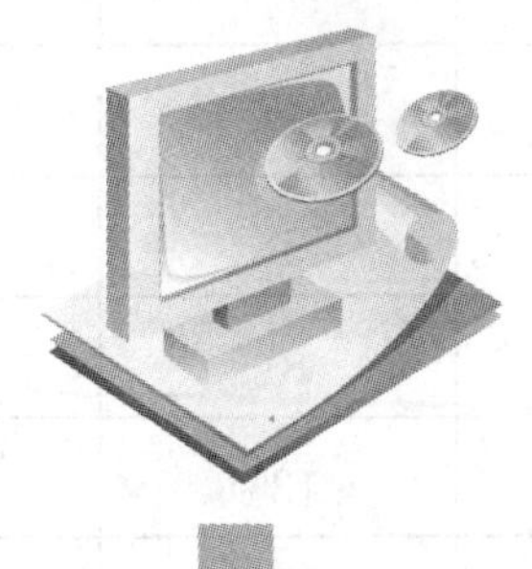

2.1 基础篇

内容说明：覆盖上机考试90%的考点和题型。适合学、练结合，掌握绝大部分上机题的解法

学习目的：通过“基础篇”内容的学习，可以基本掌握真考题库中90%试题的解法，有效避免题海战术

2.2 达标篇

内容说明：比基础篇题目稍难，覆盖所有考点和题型，适合以练为主查漏补缺

学习目的：在学习“基础篇”的基础上，若再能熟练掌握“达标篇”的内容，则你已经可以顺利通过考试了

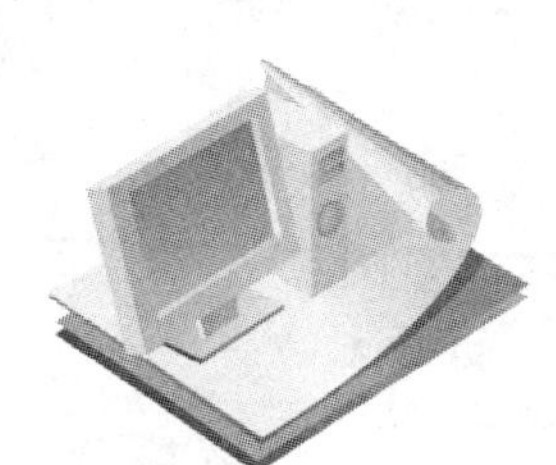

2.3 优秀篇

内容说明：题目较难，覆盖所有考点和题型，适合基础较好的考生练习

学习目的：通过本篇的练习，可以横扫所有偏、难题，若熟练掌握，则能争取优秀，保证过关

百套题库，考查情况剖析

众所周知，真实的上机考试中所抽到的试题均来源于考试中心组织的一套题库，下表是对该题库考查知识点的总结，旨在使考生在备考过程中能有重点、有目的、有意义的复习。

大类名称	小类名称	抽中几率	是否有模板
销售记录排序（结构体）问题		10%	有
4 位数排序或筛选问题	根据数位数字的关系排序	13%	有
	组合成新的10位数字后再筛选排序	8%	有
	统计及求平均值	4%	有
	4 位数之间比较后再统计排序	4%	有
数据排序问题		5%	无
数学类问题	数学计算类	5%	无
	范围内查找	8%	无
	统计及求平均值	13%	无
字符串操作类问题	字符串替代	10%	有
	字符串更改或移动	11%	无
	字符串排序及调换	6%	无
选票问题		3%	有

从表中我们不难看出，三级数据库技术上机考试主要考查销售记录排序、4 位数排序或筛选、数学类、字符串操作类、选票问题六大类，同时一些大类还可以分为若干小类。对于一些题目变化较小、解法相似的题我们给出模板，考生可以参考模板灵活应用；其他题型则需要考生根据题目灵活应用。

2.1　基础篇

第1套　上机考试试题

在文件 IN. DAT 中有 200 个正整数,且每个数均在 1000 ~ 9999 之间。函数 readDat( )的功能是读取这 200 个正整数然后存放到数组 aa 中。请编制函数 jsSort( ),该函数的功能是:要求按每个数的后 3 位的大小进行降序排列,将排序后的前 10 个数存入到数组 bb 中,如果出现后 3 位相等的数,则对这些数按原始 4 位数据进行升序排列。最后调用函数 writeDat( )把结果 bb 输出到文件 OUT. DAT 中。

例如:处理前 9012 5099 6012 7025 8088

　　处理后 5099 8088 7025 6012 9012

注意:部分源程序存放在 PROG1. C 中。请勿改动主函数 main( )、读函数 readDat( )和写函数 writeDat( )的内容。

【试题程序】

```
1  #include <stdio.h>
2  #include <string.h>
3  #include <stdlib.h>
4  int aa[200], bb[10];
5  void readDat();
6  void writeDat();
7  
8  void jsSort()
9  {
10 
11 }
12 
13 void main()
14 {
15     readDat();
16     jsSort();
17     writeDat();
18 }
19 
20 void readDat()
21 {
22     FILE * in;
23     int i;
24     in =fopen("IN.DAT", "r");
25     for(i =0; i <200; i ++)
26         fscanf(in, "%d,", &aa[i]);
27     fclose(in);
28 }
29 
30 void writeDat()
31 {
32     FILE * out;
33     int i;
34     out =fopen("OUT.DAT", "w");    sys-
35 tem("CLS");
36     for (i =0; i <10; i ++)
37     {
38         printf("i =%d,%d\n", i +1, bb[i]);
39         fprintf(out, "%d\n", bb[i]);
40     }
41     fclose(out);
42 }
```

第2套　上机考试试题

下列程序的功能是:计算出自然数 SIX 和 NINE,它们满足的条件是 SIX + SIX + SIX = NINE + NINE 的个数 cnt,以及满足此条件的所有 SIX 与 NINE 的和 sum。请编写函数 countValue( )实现程序要求,最后调用函数 writeDAT( )把结果 cnt 和 sum 输出到文件 OUT. DAT 中。其中的 S、I、X、N、E 各代表一个十进制数字。

注意:部分源程序存放在 PROG1. C 中。请勿改动主函数 main( )和写函数 writeDAT( )的内容。

【试题程序】

```
1  #include <stdio.h>
2  int cnt,sum;
3  void writeDAT();
4  
5  void countValue()
6  {
7  
8  }
9  
10 void main()
```

```
11 {
12     cnt = sum = 0;
13     countValue();
14     printf("满足条件的个数 =%d\n",cnt);
15     printf ("满足条件所有的 SIX 与 NINE 的和
           =%d\n",sum);
16     writeDAT();
17 }
18
19 void writeDAT()
20 {
21     FILE * fp;
22     fp = fopen("OUT.DAT", "w");
23     fprintf(fp,"%d\n%d\n",cnt,sum);
24     fclose(fp);
25 }
```

第3套　上机考试试题

请编制函数 ReadDat()实现从文件 IN. DAT 中读取 1000 个十进制整数到数组 xx 中。请编制函数 Compute()分别计算出 xx 中奇数的个数 odd、奇数的平均值 ave1、偶数的平均值 ave2 及所有奇数的方差 totfc 的值。最后调用函数 WriteDat()把结果输出到 OUT. DAT 文件中。

计算方差的公式如下:

$$totfc = \sum_{i=0}^{N-1} (xx[i] - ave1)^2 / N$$

设 N 为奇数的个数,xx[i]为奇数,ave1 为奇数的平均值。

注意:部分源程序存放在 PROG1. C 中。原始数据的存放格式是:每行存放 10 个数,并用逗号隔开(每个数均大于 0 且小于等于 2000)。请勿改动主函数 main()和写函数 WriteDat()的内容。

【试题程序】

```
1  #include <stdio.h>
2  #include <stdlib.h>
3  #include <string.h>
4  #define MAX 1000
5  int xx[MAX],odd=0,even=0;
6  double ave1=0.0,ave2=0.0,totfc=0.0;
7  void WriteDat(void);
8
9  int ReadDat(void)
10 {
11     FILE * fp;
12 if((fp=fopen("IN.DAT","r"))==NULL)
13     return 1;
14     fclose(fp);
15     return 0;
16 }
17
18 void Compute(void)
19 {
20
21 }
22 void main()
23 {
24     int i;
25     for(i=0;i<MAX;i++)
26         xx[i]=0;
27
28     if(ReadDat())
29     {
30     printf("数据文件 IN.DAT 不能打开! \007
           \n");
31     return;
32     }
33     Compute();
34     printf( "ODD=%d\nAVE1=%f\nAVE2=%f
           \nTOTFC=%f\n",odd,ave1,ave2,
           totfc);
35     WriteDat();
36 }
37 void WriteDat(void)
38 {
39     FILE * fp;
40     fp=fopen("OUT.DAT","w");
41     fprintf(fp,"%d\n%lf\n%lf\n%lf\n",
           odd,ave1,ave2,totfc);
42     fclose(fp);
43 }
```

第4套　上机考试试题

下列程序的功能是:在3位整数(100~999)中寻找符合下面条件的整数,并依次从小到大存入数组b中;它既是完全平方数,又有两位数字相同,例如144、676等。

请编制函数int jsValue(int bb[])实现此功能,满足该条件的整数的个数通过所编制的函数返回。

最后调用函数writeDat()把结果输出到文件OUT.DAT中。

注意:部分源程序存放在PROG1.C中。请勿改动主函数main()和写函数writeDat()的内容。

【试题程序】

```
1   #include <stdio.h>
2   void writeDat();
3
4   int jsValue(int bb[])
5   {
6
7   }
8
9   void main()
10  {
11      int b[20], num;
12      num = jsValue(b);
13      writeDat(num, b);
14  }
15
16  void writeDat(int num, int b[])
17  {
18      FILE * out;
19      int i;
20      out = fopen("OUT.DAT", "w");
21      fprintf(out, "%d\n", num);
22      for(i = 0; i < num; i ++)
23          fprintf(out, "%d\n", b[i]);
24      fclose(out);
25  }
```

第5套　上机考试试题

下列程序的功能是:选出100~1000间的所有个位数字与十位数字之和被10除所得余数恰是百位数字的素数(如293)。计算并输出上述这些素数的个数cnt,以及这些素数值的和sum。请编写函数countValue()实现程序要求,最后调用函数writeDAT()把结果cnt和sum输出到文件OUT.DAT中。

注意:部分源程序存放在PROG1.C中。请勿改动主函数main()和写函数writeDAT()的内容。

【试题程序】

```
1   #include <stdio.h>
2   int cnt, sum;
3   void writeDAT();
4
5   void countValue()
6   {
7
8   }
9
10  void main()
11  {
12      cnt = sum = 0;
13      countValue();
14      printf("素数的个数 =%d\n", cnt);
15      printf ("满足条件素数值的和 =%d",
            sum);
16      writeDAT();
17  }
18
19  void writeDAT()
20  {
21      FILE * fp;
22      fp = fopen("OUT.DAT", "w");
23      fprintf(fp, "%d\n%d\n", cnt, sum);
24      fclose(fp);
25  }
```

第6套　上机考试试题

已知在文件IN.DAT中存有100个产品销售记录,每个产品销售记录由产品代码dm(字符型4位)、产品名称mc(字符型10位)、单价dj(整型)、数量sl(整型)、金额je(长整型)几部分组成。其中:金额=单价×数量。函数ReadDat()的功能是读取这100个销售记录并存入结构数组sell中。请编制函数SortDat(),其功能要求:按产品名称从小到大进行排列,若产品名称相同,则按金额从小到大进行排列,最终排列的结果仍存入结构数组 sell 中,最后调用函数 WriteDat()把结果输出到文件 OUT. DAT 中。

注意:部分源程序存放在 PROG1. C 中。请勿改动主函数 main()、读函数 ReadDat()和写函数 WriteDat()的内容。

【试题程序】

```
1  #include <stdio.h>
2  #include <memory.h>
3  #include <string.h>
4  #include <stdlib.h>
5  #define MAX 100
6  typedef struct
7  {
8      char dm[5];        /* 产品代码 */
9      char mc[11];       /* 产品名称 */
10     int dj;            /* 单价 */
11     int sl;            /* 数量 */
12     long je;           /* 金额 */
13 } PRO;
14 PRO sell [MAX];
15 void ReadDat();
16 void WriteDat();
17
18 void SortDat()
19 {
20
21 }
22 void main()
23 {
24     memset(sell,0,sizeof(sell));
25     ReadDat();
26     SortDat();
27     WriteDat();
28 }
29
30 void ReadDat()
31 {
32     FILE * fp;
33     char str[80], ch[11];
34     int i;
35     fp = fopen("IN.DAT", "r");
36     for (i = 0; i < 100; i++)
37     {
38       fgets(str, 80, fp);
39       memcpy(sell[i].dm, str, 4);
40       memcpy(sell[i].mc, str + 4, 10);
41       memcpy(ch, str + 14, 4); ch[4] = 0;
42       sell[i].dj = atoi(ch);
43       memcpy(ch, str + 18, 5); ch[5] = 0;
44       sell[i].sl = atoi(ch);
45       sell[i].je = (long)sell[i].dj *
         sell[i].sl;
     }
46     fclose(fp);
47 }
48 void WriteDat()
49 {
50     FILE * fp;
51     int i;
52     fp = fopen("OUT.DAT", "w");
53     for(i = 0; i < 100; i++)
54     {
55         fprintf (fp, "%s %s %4d %5d %10ld
                 \n",sell[i].dm, sell[i].
                 mc, sell[i].dj,sell[i].
                 sl, sell[i].je);
56     }
57     fclose(fp);
58 }
```

第7套　上机考试试题

已知数据文件 IN. DAT 中存有 300 个 4 位数,并已调用读函数 readDat()把这些数存入到数组 a 中。请编制函数 jsValue(),其功能是:求出千位数上的数加个位数上的数等于百位数上的数加十位数上的数的个数 cnt,再把所有满足此条件的 4 位数依次存入到数组 b 中,然后对数组 b 的 4 位数按从小到大的顺序进行排序,最后调用写函数 writeDat()把数组 b 中的数输出到 OUT. DAT 文件中。

例如:6712,6 + 2 = 7 + 1,则该数满足条件,存入数组 b 中,且个数 cnt = cnt + 1。

8129,8 + 9 ≠ 1 + 2,则该数不满足条件,忽略。

注意:部分源程序存放在 PROG1. C 中,程序中已定义数组:a[300],b[300],已定义变量:cnt。请勿改动主函数 main()、读函数 readDat()和写函数 writeDat()的内容。

【试题程序】

```
1  #include <stdio.h>
2  int a[300], b[300], cnt=0;
3  void readDat();
4  void writeDat();
5
6  void jsValue()
7  {
8
9  }
10 void main()
11 {
12     int i;
13     readDat();
14     jsValue();
15     writeDat();
16     printf("cnt=%d\n", cnt);
17     for (i=0; i<cnt; i++)
18         printf("b[%d]=%d\n", i, b[i]);
19 }
20 void readDat()
21 {
22     FILE * fp;
23     int i;
24     fp =fopen("IN.DAT", "r");
25     for(i=0; i<300; i++)
26         fscanf(fp, "%d,", &a[i]);
27     fclose(fp);
28 }
29 void writeDat()
30 {
31     FILE * fp;
32     int i;
33     fp =fopen("OUT.DAT", "w");
34     fprintf(fp, "%d\n",cnt);
35     for(i=0; i<cnt; i++)
36         fprintf(fp, "%d,\n", b[i]);
37     fclose(fp);
38 }
```

第8套　上机考试试题

已知数据文件 IN. DAT 中存有 200 个 4 位数,并已调用读函数 readDat( ) 把这些数存入到数组 a 中。请编制一个函数 jsVal( ),其功能是:把千位数字和 2 位数字重新组成一个新的 2 位数 ab(新 2 位数的十位数字是原 4 位数的千位数字,新 2 位数的个位数字是原 4 位数的十位数字),以及把个位数字和百位数字组成另一个新的 2 位数 cd(新 2 位数的十位数字是原 4 位数的个位数字,新 2 位数的个位数字是原 4 位数的百位数字),如果新组成两个 2 位数 ab - cd > =0 且 ab - cd < =10 且两个数均是奇数,同时两个新十位数字均不为 0,则将满足此条件的 4 位数按从大到小的顺序存入数组 b 中,并要计算满足上述条件的 4 位数的个数 cnt,最后调用写函数 writeDat( ) 把结果 cnt 及数组 b 中符合条件的 4 位数输出到 OUT. DAT 文件中。

注意:部分源程序存放在 PROG1. C 中,程序中已定义数组:a[200],b[200],已定义变量:cnt。请勿改动主函数 main( )、读函数 readDat( ) 和写函数 writeDat( ) 的内容。

【试题程序】

```
1  #include <stdio.h>
2  #define MAX 200
3  int a[MAX], b[MAX], cnt =0;
4  void writeDat();
5  void jsVal()
6  {
7  }
8  void readDat()
9  {
10     int i;
11     FILE * fp;
12     fp =fopen("IN.DAT", "r");
13     for(i =0; i <MAX; i++)
14         fscanf(fp, "%d", &a[i]);
15     fclose(fp);
16 }
17 void main()
18 {
19     int i;    readDat();
20     jsVal();
21     printf("满足条件的数=%d\n", cnt);
22     for(i =0; i <cnt; i++)
23         printf("%d ", b[i]);
24     printf("\n");
25     writeDat();
26 }
27 void writeDat()
28 {
29     FILE * fp;
30     int i;
31     fp =fopen("OUT.DAT", "w");
32     fprintf(fp, "%d\n", cnt);
33     for(i =0; i <cnt; i++)
34         fprintf(fp, "%d\n", b[i]);
35     fclose(fp);
36 }
```

第9套　上机考试试题

已知数据文件IN.DAT中存有300个4位数,并已调用函数readDat()把这些数存入到数组a中,请编制函数jsValue(),其功能是:求出千位数上的数加百位数上的数等于十位数上的数加个位数上的数的个数cnt,再求出所有满足此条件的4位数的平均值pjz1,以及所有不满足此条件的4位数的平均值pjz2,最后调用函数writeDat()把结果cnt、pjz1、pjz2输出到OUT.DAT文件中。

例如:7153,7+1=5+3,则该数满足条件,计算平均值pjz1,且个数cnt=cnt+1。

8129,8+1≠2+9,则该数不满足条件计算平均值pjz2。

注意:部分源程序存放在PROG1.C中,程序中已定义数组:a[300],b[300],已定义变量:cnt,pjz1,pjz2。请勿改动主函数main()、读函数readDat()和写函数writeDat()的内容。

【试题程序】

```
1  #include <stdio.h>
2  int a[300], cnt =0;
3  double pjz1 =0.0,pjz2 =0.0;
4  void readDat();
5  void writeDat();
6
7  void jsValue()
8  {
9
10 }
11
12 void main()
13 {
14     readDat();
15     jsValue();
16     writeDat();
17     printf ("cnt =%d\n 满足条件的平均值 pjz1
           =%7.2lf\n 不满足条件的平均值 pjz2
           =%7.2lf\n",cnt,pjz1,pjz2);
18 }
19
20 void readDat()
21 {
22     FILE * fp;
23     int i;
24     fp = fopen( "IN.DAT","r");
25     for(i =0;i <300;i ++)
26         fscanf(fp,"%d,",&a[i]);
27     fclose(fp);
28 }
29
30 void writeDat()
31 {
32     FILE * fp;
33     fp = fopen("OUT.DAT","w");
34     fprintf (fp,"%d\n%7.2lf\n%7.2lf\n",
               cnt ,pjz1,pjz2);
35     fclose(fp);
36 }
```

第10套　上机考试试题

已知文件IN.DAT中存有200个4位数,并已调用读函数readDat()把这些数存入数组a中。请编制函数jsVal(),其功能是:依次从数组a中取出一个4位数,如果该4位数连续小于该4位数以后的5个数且该数是偶数(该4位数以后不满5个数,则不统计),则统计出满足此条件的数的个数cnt,并把这些4位数按从小到大的顺序存入数组b中,最后调用写函数writeDat()把结果cnt及数组b中符合条件的4位数输出到OUT.DAT文件中。

注意:部分源程序存放在PROG1.C中,程序中已定义数组:a[200],b[200],已定义变量:cnt。请勿改动主函数main()、读函数readDat()和写函数writeDat()的内容。

【试题程序】

```
1  #include <stdio.h>
2  #define MAX 200
3  int a[MAX], b[MAX], cnt =0;
4  void writeDat();
5  void jsVal()
6  {
7  }
8  void readDat()
9  {
10     int i;
11     FILE * fp;
12     fp =fopen("IN.DAT", "r");
13     for(i =0; i <MAX; i ++)
14         fscanf(fp, "%d", &a[i]);
15     fclose(fp);
16 }
```

```
17  void main()
18  {
19      int i;
20      readDat();
21      jsVal();
22      printf("满足条件的数=%d\n", cnt);
23      for(i =0; i <cnt; i ++)
24          printf("%d ", b[i]);
25      printf("\n");
26      writeDat();
27  }
28
29  void writeDat()
30  {
31      FILE * fp;
32      int i;
33      fp =fopen("OUT.DAT", "w");
34      fprintf(fp, "%d\n", cnt);
35      for(i =0; i <cnt; i ++)
36          fprintf(fp, "%d\n", b[i]);
37      fclose(fp);
38  }
```

第11套　上机考试试题

函数ReadDat()的功能是实现从文件IN. DAT中读取一篇英文文章并存入到字符串数组xx中。请编制函数StrCharJL(),该函数的功能是:以行为单位把字符串中的所有字符的ASCII值左移4位,如果左移后,其字符的ASCII值小于等于32或大于100,则原字符保持不变,否则就把左移后的字符ASCII值再加上原字符的ASCII值,得到的新字符仍存入到原字符串对应的位置。最后把已处理的字符串仍按行重新存入字符串数组xx中,最后调用函数WriteDat()把结果xx输出到文件OUT. DAT中。

注意:部分源程序存放在PROG1. C中,原始数据文件存放的格式是:每行的宽度均小于80个字符,含标点符号和空格。请勿改动主函数main()、读函数ReadDat()和写函数WriteDat()的内容。

【试题程序】

```
1   #include <stdio.h>
2   #include <string.h>
3   #include <stdlib.h>
4   char xx[50][80];
5   int maxline =0;
6   int ReadDat(void);
7   void WriteDat(void);
8   void StrCharJL(void)
9   {
10  }
11  void main()
12  {
13      system("CLS");
14      if(ReadDat())
15      {
16          printf("数据文件 IN.DAT 不能打开
17                 \n\007");
18      return;
19      }
20
21      StrCharJL();
22      WriteDat();
23  }
24
25  int ReadDat(void)
26  {
27      FILE * fp;
28      int i =0;
29      char * p;
30      if ((fp = fopen ("IN.DAT","r")) ==
31         NULL)
32          return 1;
33      while(fgets(xx[i],80,fp)! =NULL)
        {
34          p=strchr(xx[i],'\n');
35          if(p)
36              * p=0;
37          i++;
38      }
39      maxline=i;
40      fclose(fp);
41      return 0;
42  }
43  void WriteDat(void )
44  {
45      FILE * fp;
46      int i;
47      system("CLS");
48      fp=fopen("OUT.DAT","w");
49      for(i=0;i<maxline;i++)
50      {
51          printf("%s\n",xx[i]);
52          fprintf(fp,"%s\n",xx[i]);
53      }
54      fclose(fp);
55  }
```

第12套　上机考试试题

函数 ReadDat()的功能是实现从文件 IN. DAT 中读取一篇英文文章并存入到字符串数组 xx 中。请编制函数 ChA(),该函数的功能是:以行为单位把字符串的第一个字符的 ASCII 值加第二个字符的 ASCII 值,得到第一个新的字符,第二个字符的 ASCII 值加第三个字符的 ASCII 值,得到第二个新的字符,依次类推一直处理到倒数第二个字符,最后一个字符的 ASCII 值加第一个字符的 ASCII 值,得到最后一个新的字符,得到的新字符分别存放在原字符串对应的位置上。最后把已处理的字符串逆转后仍按行重新存入字符串数组 xx 中,并调用函数 WriteDat()把结果 xx 输出到文件 OUT. DAT 中。

注意:部分源程序存放在 PROG1. C 中,原始文件存放的格式是:每行的宽度小于 80 个字符,含标点符号和空格。请勿改动主函数 main()、读函数 ReadDat()和写函数 WriteDat()的内容。

【试题程序】

```
1   #include <stdio.h>
2   #include <string.h>
3   #include <stdlib.h>
4
5   char xx[50][80];
6   int maxline = 0;
7
8   int ReadDat();
9   void WriteDat();
10
11  void ChA(void)
12  {
13
14  }
15
16  void main()
17  {
18      system("CLS");
19      if(ReadDat())
20      {
21          printf("数据文件 IN.DAT 不能打开!
                \n\007");
22          return;
23      }
24      ChA();
25      WriteDat();
26  }
27  int ReadDat(void)
28  {
29      FILE * fp;
30      int i = 0;
31      char * p;
32      if ((fp = fopen("IN.DAT","r")) ==
          NULL)
33          return 1;
34      while(fgets(xx[i],80,fp)! = NULL)
35      {
36          p = strchr(xx[i],'\n');
37          if(p)
38              * p = 0;
39          i ++;
40      }
41      maxline = i;
42      fclose(fp);
43      return 0;
44  }
45
46  void WriteDat()
47  {
48      FILE * fp;
49      int i;
50      system("CLS");
51      fp = fopen("OUT.DAT","w");
52      for(i = 0;i < maxline;i ++)
53      {
54          printf("%s\n",xx[i]);
55          fprintf(fp,"%s\n",xx[i]);
56      }
57      fclose(fp);
59  }
```

第13套　上机考试试题

编写一个函数 findStr(),该函数统计一个长度为 2 的字符串在另一个字符串中出现的次数。例如,假定输入的字符串为"asd asasdfg asd as zx67 asd mklo",子字符串为"as",函数返回值为"6"。

函数 ReadWrite()的功能是实现从文件 IN. DAT 中读取两个字符串,并调用函数 findStr(),最后把结果输出到文件 OUT.

DAT中。

注意:部分源程序存放在PROG1.C中。请勿改动主函数main()和其他函数中的任何内容,仅在函数findStr()的花括号中填入你所编写的若干语句。

【试题程序】

```
1  #include <stdio.h>
2  #include <string.h>
3  #include <stdlib.h>
4  void ReadWrite();
5
6  int findStr(char * str,char * substr)
7  {
8
9  }
10
11 void main()
12 {
13     char str[81],substr[3];
14     int n;
15     system("CLS");
16     printf("输入原字符串:");
17     gets(str);
18     printf("输入子字符串:");
19     gets(substr);
20     puts(str);
21     puts(substr);
22     n=findStr(str,substr);
23     printf("n=%d\n",n);
24     ReadWrite();
25 }
26
27 void ReadWrite()
28 {
29     char ch,str[81],substr[3];
30     int n,len,i=0;
31     FILE * rf,* wf;
32     rf=fopen("IN.DAT","r");
33     wf=fopen("OUT.DAT","w");
34     while(i<5)
35     {
36     fgets(str,80,rf);
37     fgets(substr,10,rf);
38     len=strlen(substr)-1;
39     ch=substr[len];
40     if(ch=='\n'||ch==0x1a)
41         substr[len]=0;
42     n=findStr(str,substr);
43     fprintf(wf,"%d\n",n);
44     i++;
45     }
46     fclose(rf);
47     fclose(wf);
48 }
```

第14套 上机考试试题

函数ReadDat()的功能是实现从文件IN.DAT中读取一篇英文文章并存入到字符串数组xx中。请编制函数SortCharD(),该函数的功能是:以行为单位对字符按从大到小的顺序进行排序,排序后的结果仍按行重新存入字符串数组xx中,最后调用函数WriteDat()把结果xx输出到文件OUT.DAT中。

例如,原文:dAe,BfC

CCbbAA

结果:fedCBA,

bbCCAA

注意:部分源程序存放在PROG1.C中,原始数据文件存放的格式是:每行的宽度均小于80个字符,含标点符号和空格。请勿改动主函数main()、读函数ReadDat()和写函数WriteDat()的内容。

【试题程序】

```
1  #include <stdio.h>
2  #include <string.h>
3  #include <stdlib.h>
4
5  char xx[50][80];
6  int maxline=0;
7  int ReadDat(void);
8  void WriteDat(void);
9
10 void SortCharD()
11 {
12
13 }
14
15 void main()
16 {
```

```
17      system("CLS");
18      if (ReadDat())
19      {
20          printf ("数据文件 IN.DAT 不能打开!
                \n\007");
21          return;
22      }
23      SortCharD();
24      WriteDat();
25  }
26
27  int ReadDat(void)
28  {
29      FILE * fp;
30      int i =0;
31      char * p;
32      if ((fp = fopen ("IN.DAT","r")) ==
        NULL)
33          return 1;
34      while (fgets(xx[i],80,fp)! =NULL)
35      {
36          p =strchr(xx[i],'\n');
37          if (p)
38          * p =0;
39          i ++;
40      }
41      maxline =i;
42      fclose(fp);
43      return 0;
44  }
45
46  void WriteDat()
47  {
48      FILE * fp;
49      int i;
50      system("CLS");
51      fp =fopen("OUT.DAT","w");
52      for(i =0;i <maxline;i ++)
53      {
54          printf("%s\n",xx[i]);
55          fprintf(fp,"%s\n",xx[i]);
56      }
57      fclose(fp);
58  }
```

第15套　上机考试试题

对10个候选人进行选举,现有一个100条记录的选票数据文件IN.DAT,其数据存放的格式是每条记录的长度均为10位,第一位表示第一个人的选中情况,第二位表示第二个人的选中情况,依次类推。每一位内容均为字符0或1,1表示此人被选中,0表示此人未被选中,若一张选票选中人数小于等于5个人时则被认为是无效的选票。给定函数ReadDat()的功能是把选票数据读入到字符串数组xx中。请编制函数CountRs()来统计每个人的选票数,并把得票数依次存入yy[0]到yy[9]中,最后调用函数WriteDat()把结果yy输出到文件OUT.DAT中。

注意:部分源程序存放在PROG1.C中。请勿改动主函数main()、读函数ReadDat()和写函数WriteDat()的内容。

【试题程序】

```
1   #include <stdio.h>
2   #include <memory.h>
3   char xx[100][11];
4   int yy[10];
5   int ReadDat(void);
6   void WriteDat(void);
7
8   void CountRs(void)
9   {
10
11  }
12
13  void main()
14  {
15      int i;
16      for (i =0; i<10; i ++)
17          yy[i] =0;
18      if(ReadDat())
19      {
20          printf ("选票数据文件 IN.DAT 不能打开!
                \007\n");
21          return;
22      }
23      CountRs();
24      WriteDat();
25  }
26
27  int ReadDat(void)
28  {
29      FILE * fp;
30      int i;
31      char tt[13];
32      if ((fp = fopen ("IN.DAT", "r")) ==
        NULL)
```

```
33      return 1;
34      for (i =0; i <100; i ++)
35      {
36          if(fgets(tt, 13, fp) ==NULL)
37              return 1;
38          memcpy(xx[i], tt, 10);
39      }
40      fclose(fp);
41      return 0;
42  }
43  void WriteDat(void)
44  {
45      FILE * fp;
46      int i;
47      fp =fopen("OUT.DAT", "w");
48      for(i =0; i <10; i ++)
49      {
50          fprintf(fp, "%d\n", yy[i]);
51          printf("第%d个人的选票数=%d\n", i
                +1, yy[i]);
52      }
53      fclose(fp);
54  }
```

第16套　上机考试试题

在文件IN.DAT中有200组数据,每组有3个数,每个数均是3位数。函数readDat()的动能是读取这200组数据并存放到结构数组aa中。请编制函数jsSort(),其函数的功能是:要求在200组数据中找出条件为每组数据中的第二个数大于第一个数加第三个数之和,其中满足条件的个数作为函数jsSort()的返回值,同时把满足条件的数据存入结构数组bb中,再对结构数组bb中的数据按照每组数据的第二个数加第三个数之和的大小进行降序排列,排序后的结果仍重新存入结构数组bb中,最后调用函数writeDat()把结果bb输出到文件OUT.DAT中。

注意:部分源程序存放在PROG1.C中。请勿改动主函数main()、读函数readDat()和写函数writeDat()的内容。

【试题程序】

```
1   #include <stdio.h>
2   #include <string.h>
3   #include <stdlib.h>
4   typedef struct
5   {
6       int x1, x2, x3;
7   } Data;
8   Data aa[200], bb[200];
9   void readDat();
10  void writeDat();
11
12  int jsSort()   /* 返回满足条件的个数* /
13  {
14
15  }
16
17  void main()
18  {
19      int count;
20      readDat();
21      count =jsSort();
22      writeDat(count);
23  }
24
25  void readDat()
26  {
27      FILE * in;
28      int i;
29      in =fopen("IN.DAT", "r");
30      for(i =0; i <200; i ++)
31          fscanf(in, "%d %d %d", &aa[i].x1,
            &aa[i].x2, &aa[i].x3);
32      fclose(in);
33  }
34
35  void writeDat(int count)
36  {
37      FILE * out;
38      int i;
39      out =fopen("OUT.DAT", "w");
40      system("CLS");
41      for(i =0; i <count; i ++)
42      {
43          printf("%d, %d, %d 第二个数+第三个
                数=%d\n", bb[i].x1, bb
                [i].x2, bb[i].x3, bbi].x2
                +bb[i].x3);
44          fprintf(out,"%d,%5d,%d\n",bb[i].x1,
                bb[i].x2, bb[i].x3);
45      }
46      fclose(out);
47  }
```

第17套　上机考试试题

已知在文件 IN. DAT 中存有若干个(个数<200)4 位数字的正整数,函数 ReadDat( ) 的功能是读取这若干个正整数并存入数组 xx 中。请编制函数 CalValue( ),其功能要求:①求出该文件中共有多少个正整数 totNum;②求这些数右移 1 位后,产生的新数是偶数的数的个数 totCnt,以及满足此条件的这些数(右移前的值)的算术平均值 totPjz,最后调用函数 WriteDat( )把所求的结果输出到文件 OUT. DAT 中。

注意:部分源程序存放在 PROG1. C 中。请勿改动主函数 main( )、读函数 ReadDat( )和写函数 WriteDat( )的内容。

【试题程序】

```
1   #include <stdio.h>
2   #include <stdlib.h>
3   #define MAXNUM 200
4   int xx[MAXNUM];
5   int totNum =0;/* 文件 IN.DAT 中共有多少个正
                  整数 * /
6   int totCnt =0; /* 符合条件的正整数的个数 * /
7   double totPjz =0.0; /* 平均值 * /
8   int ReadDat(void);
9   void WriteDat(void);
10
11  void CalValue(void)
12  {
13
14  }
15
16  void main()
17  {
18      int i;
19      system("CLS");
20      for(i =0; i <MAXNUM; i ++)
21          xx[i] =0;
22      if(ReadDat())
23      {
24          printf ("数据文件 IN.DAT 不能打开!
                   \007\n");
25          return;
26      }
27      CalValue();
28      printf("文件 IN.DAT 中共有正整数 =
            %d 个\n", totNum);
29      printf ("符合条件的正整数的个数 =%d 个\n",
                totCnt);
30      printf("平均值 =%.2lf\n", totPjz);
31      WriteDat();
32  }
33
34  int ReadDat(void)
35  {
36      FILE * fp;
37      int i =0;
38      if ((fp = fopen ("IN.DAT", "r")) ==
           NULL)
39          return 1;
40      while(! feof(fp))
41      {
42          fscanf(fp, "%d,", &xx[i ++]);
43      }
44      fclose(fp);
45      return 0;
46  }
47
48  void WriteDat(void)
49  {
50      FILE * fp;
51      fp =fopen("OUT.DAT", "w");
52      fprintf (fp, "%d\n%d\n%.2lf\n", tot-
               Num, totCnt, totPjz);
53      fclose(fp);
54  }
```

第18套　上机考试试题

请编制程序,要求:将文件 IN. DAT 中的 200 个整数读入数组 xx 中,求出数组 xx 中最大数 max 及最大数的个数 cnt 和数组 xx 中值能被 3 整除或能被 7 整除的数的算术平均值 pj(保留两位小数),最后把结果 max、cnt、pj 输出到 OUT. DAT 中。

注意:部分程序、读函数 read_dat(int xx[200])及输出格式已给出。

【试题程序】

```
1   #include <stdlib.h>
2   #include <stdio.h>
3   #define N 200
4
5   void read_dat(int xx[N])
6   {
7       int i,j;
8       FILE * fp;
```

```
9       fp = fopen("IN.DAT","r");
10      for(i = 0;i < 20;i ++)
11      {
12          for(j = 0;j < 10;j ++)
13          {
14              fscanf(fp,"%d,",&xx[i* 10 + j]);
15              printf("%d ",xx[i* 10 + j]);
16          }
17          printf("\n");
18      }
19      fclose(fp);
20  }
21  void main()
22  {
23      int i,k,cnt,xx[N],max;
24      float pj;
25      FILE * fw;
26      long j = 0;
27      system("CLS");
28      fw = fopen("OUT.DAT","w");
29      read_dat(xx);
30      printf ("\n\nmax = %d,cnt = %d,pj = %6.
            2f\n",max,cnt,pj);
31      fprintf (fw,"%d\n%d\n%6.2f\n",max,
            cnt,pj);
32      fclose(fw);
33  }
34
```

第 19 套　上机考试试题

函数 ReadDat()的功能是实现从文件 ENG. IN 中读取一篇英文文章，并存入到字符串数组 xx 中。请编制函数encryChar()，按给定的替代关系对数组 xx 中所有字符进行替代，最终替代的结果仍存入数组 xx 的对应的位置上，最后调用函数 WriteDat()把结果 xx 输出到文件 PS. DAT 中。

替代关系：f(p) = p * 11 mod 256(p 是数组 xx 中某一个字符的 ASCII 值，f(p)是计算后新字符的 ASCII 值)，如果计算后 f(p)的值小于等于 32 或 f(p)对应的字符是大写字母，则该字符不变，否则将 f(p)所对应的字符进行替代。

注意：部分源程序存放在 PROG1. C 中，原始数据文件的存放格式是每行的宽度均小于 80 个字符。请勿改动主函数 main()、读函数 ReadDat()和写函数 WriteDat()的内容。

【试题程序】

```
1   #include <stdlib.h>
2   #include <stdio.h>
3   #include <string.h>
4   #include <ctype.h>
5   unsigned char xx[50][80];
6   int maxline = 0;
7   int ReadDat(void);
8   void WriteDat(void);
9
10  void encryChar()
11  {
12
13  }
14
15  void main()
16  {
17      system("CLS");
18      if(ReadDat())
19      {
20          printf ("数据文件 ENG.IN 不能打开!
                \n\007");
21          return;
22      }
23
24      encryChar();
25      WriteDat();
26  }
27  int ReadDat(void)
28  {
29      FILE * fp;
30      int i = 0;
31      unsigned char * p;
32      if((fp = fopen("ENG.IN","r")) == NULL)
33          return 1;
34      while(fgets(xx[i],80,fp)! = NULL)
35      {
36          p = strchr(xx[i],'\n');
37          if(p)
38              * p = 0;
39          i ++;
40      }
41      maxline = i;
42      fclose(fp);
43      return 0;
44  }
45
46  void WriteDat()
47  {
```

```
48      FILE * fp;
49      int i;
50      fp = fopen("ps.dat","w");
51      for(i = 0;i < maxline;i ++)
52      {
53          printf("%s\n",xx[i]);
54          fprintf(fp,"%s\n",xx[i]);
55      }
56      fclose(fp);
57  }
```

第20套　上机考试试题

函数 ReadDat()的功能是实现从文件 IN. DAT 中读取一篇英文文章并存入到字符串数组 xx 中。请编制函数 ConvertCharA(),该函数的功能是:以行为单位把字符串中的所有小写字母改写成该字母的下一个字母,如果是字母 z,则改写成字母 a。大写字母仍为大写字母,小写字母仍为小写字母,其他字符不变。把已处理的字符串仍按行重新存入字符串数组 xx 中,最后调用函数 WriteDat()把结果 xx 输出到文件 OUT. DAT 中。

例如,原文:Adb. Bcdza
　　　　abck. LLhj
　　结果:Aec. Bdeab
　　　　bcdl. LLik

注意:部分源程序存放在 PROG1. C 中,原始数据文件存放的格式是:每行的宽度均小于 80 个字符,含标点符号和空格。请勿改动主函数 main()、读函数 ReadDat()和写函数 WriteDat()的内容。

【试题程序】

```
1   #include <stdio.h>
2   #include <string.h>
3   #include <stdlib.h>
4   char xx[50][80];
5   int maxline = 0;/* 文章的总行数 * /
6   int ReadDat(void);
7   void WriteDat(void);
8
9   void ConvertCharA(void)
10  {
11
12  }
13
14  void main()
15  {
16      system("CLS");
17      if(ReadDat())
18      {
19          printf("数据文件 IN.DAT 不能打开!
              \n\007");
20          return;
21  }
22      ConvertCharA();
23      WriteDat();
24  }
25  int ReadDat(void)
26  {
27      FILE * fp;
28      int i = 0;
29      char * p;
30      if ((fp = fopen("IN.DAT", "r")) ==
      NULL)
31          return 1;
32      while(fgets(xx[i], 80, fp) != NULL)
33      {
34          p = strchr(xx[i], '\n');
35          if(p)
36              * p = 0;
37          i ++;
38      }
39      maxline = i;
40      fclose(fp);
41      return 0;
42  }
43
44  void WriteDat(void)
45  {
46      FILE * fp;
47      int i;
48      system("CLS");
49      fp = fopen("OUT.DAT", "w");
50      for(i = 0; i < maxline; i ++)
51      {
52          printf("%s\n", xx[i]);
53          fprintf(fp, "%s\n", xx[i]);
54      }
55      fclose(fp);
56  }
```

2.2 达标篇

第21套 上机考试试题

已知数据文件IN1.DAT和IN2.DAT中分别存有100个两位十进制数，并且已调用读函数readDat()把这两个文件中的数存入数组a和b中，请考生编制一个函数jsVal()，实现的功能是依次对数组a和b中的数按条件重新组成一个新数并依次存入数组c中，再对数组c中的数按从小到大的顺序进行排序，最后调用输出函数writeDat()把结果c输出到文件OUT.DAT中。

组成新数的条件：如果数组a和b中相同下标位置的数必须符合一个是偶数，另一个是奇数，则数组a中的数按二进制数左移八位后再加上数组b对应位置上的数，把这样组成的新数依次存入数组c中。

例如：a：12 33 24 15 21

　　b：32 35 17 15 18

　　c：6161 5394

排序后c：5394 6161

注意：部分源程序存在文件PROG1.C文件中，程序中已定义a[100]、b[100]和c[100]。请勿改动数据文件IN1.DAT和IN2.DAT中的任何数据、主函数main()、读函数readDat()和写函数writeDat()的内容。

【试题程序】

```
1   #include <stdio.h>
2   #define MAX 100
3   unsigned int a[MAX], b[MAX], c[MAX];
4   int cnt =0; /* 存放符合条件数的个数 */
5   void writeDat();
6
7   void jsVal()
8   {
9
10  }
11
12  void readDat()
13  {
14      int i ;
15      FILE * fp ;
16      fp =fopen("IN1.DAT", "r") ;
17      for (i =0 ; i <MAX ; i + +)
18          fscanf(fp, "%d", &a[i]) ;
19      fclose(fp) ;
20      fp =fopen("IN2.DAT", "r") ;
21      for (i =0 ; i <MAX ; i + +)
22          fscanf(fp, "%d", &b[i]) ;
23      fclose(fp) ;
24  }
25
26  void main()
27  {
28      int i ;
29      for (i =0 ; i <MAX ; i + +)
30          c[i] =0;
31      readDat() ;
32      jsVal() ;
33      for(i =0 ; i <MAX; i + +)
34          if (c[i] > 0)
35              printf("%d\n", c[i]);
36      writeDat() ;
37  }
38
39  void writeDat()
40  {
41      FILE * fp ;
42      int i ;
43      fp =fopen("OUT.DAT", "w") ;
44      for(i =0 ; i <MAX; i + +)
45          if (c[i] > 0)
46              fprintf(fp, "%d\n", c[i]) ;
47      fclose(fp) ;
48  }
```

第22套 上机考试试题

已知数据文件IN.DAT中存有300个4位数，并已调用读函数readDat()把这些数存入数组a中，请编制一函数jsValue()，其功能是：求出千位数上的数减百位数上数减十位数上的数减个位数上的数大于0的数的个数cnt，再把所有满足此条件的4位数依次存入数组b中，然后对数组b的4位数按从小到大的顺序进行排序，最后调用写函数writeDat()把数组b中的数输出到OUT.DAT文件中。

例如：9123，9 - 1 - 2 - 3 > 0，则该数满足条件，存入数组b中，且个数cnt = cnt + 1。

9812,9-8-1-2<0,则该数不满足条件,忽略。

注意:部分源程序存放在PROG1.C中,程序中已定义数组:a[300],b[300],已定义变量:cnt。请勿改动主函数main()、读函数readDat()和写函数writeDat()的内容。

【试题程序】

```
1   #include <stdio.h>
2   int a[300],b[300],cnt=0;
3   void readDat();
4   void writeDat();
5   void jsValue()
6   {
7
8   }
9
10  void main()
11  {
12      int i;
13      readDat();
14      jsValue();
15      printf("cnt=%d\n",cnt);
16      writeDat();
17      for(i=0;i<cnt;i++)
18          printf("b[%d]=%d\n",i,b[i]);
19  }
20
21  void readDat()
22  {
23      FILE * fp;
24      int i;
25      fp=fopen("IN.DAT","r");
26      for(i=0;i<300;i++)
27          fscanf(fp,"%d,",&a[i]);
28      fclose(fp);
29  }
30  void writeDat()
31  {
32      FILE * fp;
33      int i;
34      fp=fopen("OUT.DAT","w");
35      fprintf(fp,"%d\n",cnt);
36      for(i=0;i<cnt;i++)
37          fprintf(fp,"%d\n",b[i]);
38      fclose(fp);
39  }
40
```

第23套　上机考试试题

下列程序的功能是:选出5000以下符合条件的自然数。条件是:千位数字与百位数字之和等于十位数字与个位数字之和,且千位数字与百位数字之和等于个位数字与千位数字之差的10倍。计算并输出这些4位自然数的个数cnt及这些数的和sum。请编写函数countValue()实现程序的要求,最后调用函数writeDAT()把结果cnt和sum输出到文件OUT.DAT中。

注意:部分源程序存放在PROG1.C中。请勿改动主函数main()和写函数writeDAT()的内容。

【试题程序】

```
1   #include <stdio.h>
2   int cnt,sum;
3   void writeDat();
4
5   void countValue()
6   {
7
8   }
9
10  void main()
11  {
12      cnt=sum=0;
13      countValue();
14      printf("满足条件的自然数的个数=%d\n",
            cnt);
15      printf("满足条件的自然数的值的和=%d\n",
            sum);
16      writeDAT();
17  }
18
19  void writeDAT()
20  {
21      FILE * fp;
22      fp=fopen("OUT.DAT","w");
23      fprintf(fp,"%d\n%d\n",cnt,sum);
24      fclose(fp);
25  }
```

第24套　上机考试试题

已知数据文件IN.DAT中存有200个4位数,并已调用读函数readDat()把这些数存入数组a中。请编制一函数jsVal(),其功能是:把千位数字和个位数字重新组成一个新的2位数(新2位数的十位数字是原4位数的千位数字,新2位数的个位数字是原4位数的个位数字),把百位数字和十位数字组成另一个新的2位数(新2位数的十位数字是原4位数的百位数字,新2位数的个位数字是原4位数的十位数字),如果新组成的两个2位数均是奇数并且两个2位数中至少有一个数能被5整除,同时两个新十位数字均不为0,则将满足此条件的4位数按从大到小的顺序存入数组b中,并要求计算满足上述条件的4位数的个数cnt,最后调用写函数writeDat(),把结果cnt及数组b中符合条件的4位数输出到OUT.DAT文件中。

注意:部分源程序存放在PROG1.C中。程序中已定义数组:a[200],b[200],已定义变量:cnt。请勿改动主函数main()、读函数readDat()和写函数writeDat()的内容。

【试题程序】

```
1  #include <stdio.h>
2  #define MAX 200
3  int a[MAX], b[MAX], cnt =0;
4  void writeDat();
5
6  void jsVal()
7  {
8
9  }
10 void readDat()
11 {
12     int i;
13     FILE * fp;
14     fp =fopen("IN.DAT", "r");
15     for(i =0; i <MAX; i ++)
16         fscanf(fp, "%d", &a[i]);
17     fclose(fp);
18 }
19
20 void main()
21 {
22     int i;
23     readDat();
24     jsVal();
25     printf("满足条件的数 =%d\n", cnt);
26     for(i =0; i <cnt; i ++)
27         printf("%d ", b[i]);
28     printf("\n");
29     writeDat();
30 }
31
32 void writeDat()
33 {
34     FILE * fp;
35     int i;
36     fp =fopen("OUT.DAT", "w");
37     fprintf(fp, "%d\n", cnt);
38     for(i =0; i <cnt; i ++)
39         fprintf(fp, "%d\n", b[i]);
40     fclose(fp);
41 }
```

第25套　上机考试试题

已知数据文件IN.DAT中存有200个4位数,并已调用读函数readDat()把这些数存入数组a中,请编制一函数jsVal(),其功能是:把千位数字和十位数字重新组合成一个新的2位数ab(新2位数的十位数字是原4位数的千位数字,新2位数的个位数字是原4位数的十位数字),以及把个位数和百位数组成另一个新的2位数cd(新2位数的十位数字是原4位数的个位数字,新2位数的个位数字是原4位数的百位数字),如果新组成的两个2位数ab－cd≥10且ab－cd≤20且两个数均为偶数,同时两个新十位数字均不为0,则将满足此条件的4位数按从大到小的顺序存入数组b中,并要求计算满足上述条件的4位数的个数cnt,最后调用写函数writeDat()把结果cnt及数组b中符合条件的4位数输出到OUT.DAT文件中。

注意:部分源程序存放在PROG1.C中,程序中已定义数组:a[200],b[200],已定义变量:cnt。请勿改动主函数main()、读函数readDat()和写函数writeDat()的内容。

【试题程序】

```
1  #include <stdio.h>
2  #define MAX 200
3  int a[MAX],b[MAX],cnt =0;
4  void writeDat();
5  void jsVal()
6  {
7
8  }
9
10 void readDat()
```

```
11  {
12      int i;
13      FILE * fp;
14      fp=fopen("IN.DAT","r");
15      for(i=0;i<MAX;i++)
16          fscanf(fp,"%d",&a[i]);
17      fclose(fp);
18  }
19
20  void main()
21  {
22      int i;
23      readDat();
24      jsVal();
25      printf("满足条件的数=%d\n",cnt);
26      for(i=0;i<cnt;i++)
27          printf("%d\n",b[i]);
28      printf("\n");
29      writeDat();
30  }
31
32  void writeDat()
33  {
34      FILE * fp;
35      int i;
36      fp=fopen("OUT.DAT","w");
37      fprintf(fp,"%d\n",cnt);
38      for(i=0;i<cnt;i++)
39          fprintf(fp, "%d\n",b[i]);
40      fclose(fp);
41  }
```

第26套　上机考试试题

已知文件IN.DAT中存有100个产品销售记录，每个产品销售记录由产品代码dm(字符型4位)、产品名称mc(字符型10位)、单价dj(整型)、数量sl(整型)、金额je(长整型)几部分组成。其中：金额=单价×数量。函数ReadDat()的功能是读取这100个销售记录并存入到结构数组sell中。请编制函数SortDat()，其功能要求：按产品名称从大到小进行排列，若产品名称相同，则按金额从大到小进行排列，最终排列结果仍存入结构数组sell中，最后调用写函数WriteDat()把结果输出到文件OUT.DAT中。

注意：*部分源程序存放在PROG1.C中。请勿改动主函数main()、读函数ReadDat()和写函数WriteDat()的内容。*

【试题程序】

```
1   #include <stdio.h>
2   #include <memory.h>
3   #include <string.h>
4   #include <stdlib.h>
5   #define MAX 100
6   typedef struct
7   {
8       char dm[5];     /* 产品代码 */
9       char mc[11];    /* 产品名称 */
10      int dj;   /* 单价 */
11      int sl;   /* 数量 */
12      long je;  /* 金额 */
13  }PRO;
14  PRO sell [MAX];
15  void ReadDat();
16  void WriteDat();
17
18  void SortDat()
19  {
20
21  }
22  void main()
23  {
24      memset(sell, 0, sizeof(sell));
25      ReadDat();
26      SortDat();
27      WriteDat();
28  }
29
30  void ReadDat()
31  {
32      FILE * fp;
33      char str[80], ch[11];
34      int i;
35      fp =fopen("IN.DAT", "r");
36      for(i=0; i<100; i++)
37      {
38          fgets(str, 80, fp);
39          memcpy(sell[i].dm, str, 4);
40          memcpy(sell[i].mc, str+4, 10);
41          memcpy(ch, str+14, 4);
42          ch[4] =0;
43          sell[i] .dj =atoi(ch);
44          memcpy(ch, str+18, 5);
```

```
45        ch[5] =0;
46        sell[i].sl =atoi(ch);
47        sell[i].je = (long)sell[i].dj *
          sell[i].sl;
48     }
49     fclose(fp);
50  }
51
52  void WriteDat()
53  {
54     FILE * fp;
55     int i;
56     fp =fopen("OUT.DAT", "w");
57     for(i =0; i <100; i ++)
58     {
59     fprintf (fp,"%s %s %4d %5d %10ld\n",sell
             [i].dm,sell[i].mc,sell[i].dj,
             sell[i].sl,sell[i].je);
60     }
61     fclose(fp);
62  }
```

第27套　上机考试试题

已知文件IN.DAT中存有100个产品销售记录，每个产品销售记录由产品代码dm(字符型4位)、产品名称mc(字符型10位)、单价dj(整型)、数量sl(整型)、金额je(长整型)几部分组成。其中：金额=单价×数量。函数ReadDat()的功能是读取这100个销售记录并存入结构数组sell中。请编制函数SortDat()，其功能要求：按产品代码从小到大进行排列，若产品代码相同，则按金额从小到大进行排列，最终排列结果仍存入结构数组sell中，最后调用写函数WriteDat()把结果输出到文件OUT.DAT中。

注意：部分源程序存放在PROG1.C中。请勿改动主函数main()、读函数ReadDat()和写函数WriteDat()的内容。

【试题程序】

```
1   #include <stdio.h>
2   #include <memory.h>
3   #include <string.h>
4   #include <stdlib.h>
5   #define MAX 100
6   typedef struct
7   {
8      char dm[5];     /* 产品代码 */
9      char mc[11];     /* 产品名称 */
10     int dj;     /* 单价 */
11     int sl;     /* 数量 */
12     long je;     /* 金额 */
13  } PRO;
14  PRO sell [MAX];
15  void ReadDat();
16  void WriteDat();
17
18  void SortDat()
19  {
20
21  }
22
23  void main()
24  {
25     memset(sell, 0, sizeof(sell));
26     ReadDat();
27     SortDat();
28     WriteDat();
29  }
30
29  void ReadDat()
30  {
31     FILE * fp;
32     char str[80], ch[11];
33     int i;
34     fp =fopen("IN.DAT", "r");
35     for(i =0; i <100; i ++)
36     {
37        fgets(str, 80, fp);
38        memcpy(sell[i].dm, str, 4);
39        memcpy(sell[i].mc, str +4, 10);
40        memcpy(ch, str +14, 4);
41        ch[4] =0;
42        sell[i] .dj =atoi(ch);
43        memcpy(ch, str +18, 5);
44        ch[5] =0;
45        sell[i].sl =atoi(ch);
46        sell[i].je = (long)sell[i].dj * sell
          [i].sl;
47     }
48     fclose(fp);
49  }
50
51  void WriteDat()
52  {
53     FILE * fp;
```

```
54      int i;
55      fp = fopen("OUT.DAT", "w");
56      for(i = 0; i < 100; i ++)
57      {
58          fprintf(fp,"%s %s %4d %5d %10ld\n",
                sell[i].dm,sell[i].mc,sell[i].dj,
                sell[i].sl,sell[i].je);
59      }
60      fclose(fp);
61  }
```

第28套　上机考试试题

已知在文件IN. DAT中存有100个产品销售记录,每个产品销售记录由产品代码dm(字符型4位)、产品名称mc(字符型10位)、单价dj(整型)、数量sl(整型)、金额je(长整型)几部分组成。其中,金额=单价×数量。函数ReadDat()的功能是读取这100个销售记录并存入数组sell中。请编制函数SortDat(),其功能要求:按金额从大到小进行排列,若金额相同,则按产品代码从大到小进行排列,最终排列结果仍存入结构数组sell中,最后调用写函数WriteDat()把结果输出到文件OUT. DAT中。

注意:部分源程序存放在PROG1. C中。请勿改动主函数main()、读函数ReadDat()和写函数WriteDat()的内容。

【试题程序】

```
1   #include <stdio.h>
2   #include <memory.h>
3   #include <string.h>
4   #include <stdlib.h>
5
6   #define MAX 100
7   typedef struct
8   {
9       char dm[5];
10      char mc[11];
11      int dj;
12      int sl;
13      long je;
14  } PRO;
15  PRO sell[MAX];
16  void ReadDat();
17  void WriteDat();
18  void SortDat()
19  {
20
21  }
22
23  void main()
24  {
25      memset(sell,0,sizeof(sell));
26      ReadDat();
27      SortDat();
28      WriteDat();
29  }
30
31  void ReadDat()
32  {
33      FILE * fp;
34      char str[80],ch[11];
35      int i;
36      fp = fopen("IN.DAT","r");
37      for(i = 0;i < 100;i ++)
38      {
39          fgets(str,80,fp);
40          memcpy(sell[i].dm,str,4);
41          memcpy(sell[i].mc,str + 4,10);
42          memcpy(ch,str + 14, 4);
43          ch[4] = 0;
44          sell[i].dj = atoi(ch);
45          memcpy(ch,str + 18,5);
46          ch[5] = 0;
47          sell[i].sl = atoi(ch);
48          sell[i].je = (long)sell[i].dj *
    sell[i].sl;
49      }
50      fclose(fp);
51  }
52
53  void WriteDat()
54  {
55      FILE * fp;
56      int i;
57      fp = fopen("OUT.DAT","w");
58      for(i = 0;i < 100;i ++)
59      {
60      fprintf (fp,"%s %s %4d %5d
            %10ld\n",sell[i].dm,sell[i].mc,
            sell[i].dj,sell[i].sl,sell[i].je);
61      }
62      fclose(fp);
63  }
```

第29套　上机考试试题

已知数据文件IN.DAT中存有200个4位数,并已调用读函数readDat()把这些数存入数组a中,请编制一函数jsVal(),其功能是:如果4位数各位上的数字均是奇数,则统计出满足此条件的个数cnt,并把这些4位数按从大到小的顺序存入数组b中,最后调用函数writeDat()把结果cnt及数组b中符合条件的4位数输出到OUT.DAT文件。

注意:部分源程序存放在PROG1.C中,程序中已定义数组:a[200],b[200],已定义变量:cnt。请勿改动主函数main()、读函数readDat()和写函数writeDat()的内容。

【试题程序】

```
1   #include <stdio.h>
2   #define MAX 200
3   int a[MAX],b[MAX],cnt=0;
4   void writeDat();
5
6   void jsVal()
7   {
8
9   }
10
11  void readDat()
12  {
13      int i;
14      FILE * fp;
15      fp=fopen("IN.DAT","r");
16      for(i=0;i<MAX;i++)
17          fscanf(fp,"%d",&a[i]);
18      fclose(fp);
19  }
20
21  void main()
22  {
23      int i;
24      readDat();
25      jsVal();
26      printf("满足条件的数=%d\n",cnt);
27      for(i=0;i<cnt;i++)
28          printf("%d\n",b[i]);
29      printf("\n");
30      writeDat();
31  }
32
33  void writeDat()
34  {
35      FILE * fp;
36      int i;
37      fp=fopen("OUT.DAT","w");
38      fprintf(fp,"%d\n",cnt);
39      for(i=0;i<cnt;i++)
40          fprintf(fp,"%d\n",b[i]);
41      fclose(fp);
42  }
```

第30套　上机考试试题

已知数据文件IN.DAT中存有300个4位数,并已调用读函数readDat()把这些数存入数组a中,请编制一函数jsValue(),其功能是:求出千位数上的数加百位数上的数等于十位数上的数加个位数上的数的个数cnt,再把所有满足此条件的4位数依次存入数组b中,然后对数组b的4位数从大到小进行排序,最后调用写函数writeDat()把数组b中的数输出到OUT.DAT文件。

例如:7153,7+1=5+3,则该数满足条件,存入数组b中,且个数cnt=cnt+1。

8129,8+1≠2+9,则该数不满足条件,忽略。

注意:部分源程序存放在PROG1.C中,程序中已定义数组:a[300],b[300],已定义变量:cnt。请勿改动主函数main()、读函数readDat()和写函数writeDat()的内容。

【试题程序】

```
1   #include <stdio.h>
2   int a[300], b[300], cnt=0;
3   void readDat();
4   void writeDat();
5
6   void jsValue()
7   {
8
9   }
10
11  void main()
12  {
13      int i;
14      readDat();
15      jsValue();
16      writeDat();
```

```
17      printf("cnt =%d\n", cnt);
18      for(i =0; i <cnt; i ++)
19          printf("b[%d] =%d\n", i, b[i]);
20  }
21
22  void readDat()
23  {
24      FILE * fp;
25      int i;
26      fp =fopen("IN.DAT", "r");
27      for(i =0; i <300; i ++)
28          fscanf(fp, "%d,", &a[i]);
29      fclose(fp);
30  }
31
32  void writeDat()
33  {
34      FILE * fp;
35      int i;
36      fp =fopen("OUT.DAT", "w");
37      fprintf (fp, "%d\n",cnt);
38      for(i =0; i <cnt; i ++)
39          fprintf(fp, "%d,\n", b[i]);
40      fclose(fp);
41  }
```

第31套　上机考试试题

在文件IN.DAT中有200个正整数,且每个正整数均在1000至9999之间。函数readDat()的功能是读取这200个数并存放到数组aa中。请编制函数jsSort(),该函数的功能是:要求按照每个数的后3位的大小进行升序排列,将排序后的前10个数存入数组bb中,如果数组bb中出现后3位相等的数,则对这些数按原始4位数据进行降序排列,最后调用函数writeDat()把结果bb输出到文件OUT.DAT中。

例如:处理前　6012　5099　9012　7025　8088

　　　处理后　9012　6012　7025　8088　5099

注意:部分源程序存放在PROG1.C中。请勿改动主函数main()、读函数readDat()和写函数writeDat()的内容。

【试题程序】

```
1   #include <stdio.h>
2   #include <string.h>
3   #include <stdlib.h>
4   int aa[200],bb[10];
5   void readDat();
6   void writeDat();
7
8   void jsSort()
9   {
10
11  }
12
13  void main()
14  {
15      readDat();
16      jsSort();
17      writeDat();
18  }
19
20  void readDat()
21  {
22      FILE * in;
23      int i;
24      in =fopen("IN.DAT","r");
25      for (i =0;i <200;i ++)
26          fscanf(in,"%d ",&aa[i]);
27      fclose(in);
28  }
29
30  void writeDat()
31  {
32      FILE * out;
33      int i;
34      system("CLS");
35      out =fopen("OUT.DAT","w");
36      for(i =0;i <10;i ++)
37      {
38          printf("i =%d,%d\n",i +1,bb[i]);
39          fprintf(out,"%d\n",bb[i]);
40      }
41      fclose(out);
42  }
```

第32套 上机考试试题

函数ReadDat()的功能是实现从文件ENG.IN中读取一篇英文文章，并存入到字符串数组xx中。请编制函数encryChar()，按给定的替代关系对数组xx中所有字符进行替代，最终替代的结果仍存入数组xx的对应的位置上，最后调用函数WriteDat()把结果xx输出到文件PS.DAT中。

替代关系：f(p) = p×13 mod 256(p是数组xx中某一个字符的ASCII值，f(p)是计算后新字符的ASCII值)，如果计算后f(p)的值小于等于32或其ASCII值是偶数，则该字符不变，否则将f(p)所对应的字符进行替代。

注意：*部分源程序存放在PROG1.C中，原始数据文件的存放格式是每行的宽度均小于80个字符。请勿改动主函数main()、读函数ReadDat()和写函数WriteDat()的内容。*

【试题程序】

```
1  #include <stdlib.h>
2  #include <stdio.h>
3  #include <string.h>
4  #include <ctype.h>
5  unsigned char xx[50][80];
6  int maxline=0;
7  int ReadDat(void);
8  void WriteDat(void);
9
10 void encryChar()
11 {
12
13 }
14
15 void main()
16 {
17     system("CLS");
18     if(ReadDat())
19     {
20         printf("数据文件ENG.IN不能打开!
              \n\007");
21         return;
22     }
23     encryChar();
24     WriteDat();
25 }
26 int ReadDat(void)
27 {
28     FILE * fp;
29     int i=0;
30     unsigned char * p;
31     if((fp=fopen("ENG.IN","r"))==NULL)
32         return 1;
33     while(fgets(xx[i],80,fp)!=NULL)
34     {
35         p=strchr(xx[i],'\n');
36         if(p)
37             * p=0;
38         i++;
39     }
40     maxline=i;
41     fclose(fp);
42     return 0;
43 }
44
45 void WriteDat()
46 {
47     FILE * fp;
48     int i;
49     fp=fopen("ps.dat","w");
50     for(i=0;i<maxline;i++)
51     {
52         printf("%s\n",xx[i]);
53         fprintf(fp,"%s\n",xx[i]);
54     }
55     fclose(fp);
56 }
```

第33套 上机考试试题

下列程序的功能是：利用以下所示的简单迭代方法求方程cos(x) - x = 0的一个实根。

xn+1 = cos(xn)

迭代步骤如下：

(1)取x1初值为0.0。

(2)x0 = x1，把x1的值赋给x0。

(3)x1 = cos(x0)，求出一个新的x1。

(4)若 x0 - x1 的绝对值小于 0.000001,执行步骤(5),否则执行步骤(2)。

(5)所求 x1 就是方程 cos(x) - x = 0 的一个实根,作为函数值返回。

请编写函数 countValue()实现程序要求,最后调用函数 writeDAT()把结果输出到文件 OUT.DAT 中。

注意:部分源程序存放在 PROG1.C 中。请勿改动主函数 main()和写函数 writeDAT()的内容。

【试题程序】

```
1   #include <stdlib.h>
2   #include <math.h>
3   #include <stdio.h>
4   void writeDAT();
5   float countValue()
6   {

7   }
8
9   void main()
10  {
11      system("CLS");
12      printf("实根=%f\n",countValue());
13      printf ("%f\n",cos (countValue()) -
            countValue());
14      writeDAT();
15  }
16  void writeDAT()
17  {
18      FILE * wf;
19      wf = fopen ("OUT.DAT","w");
20      fprintf(wf,"%f\n",countValue());
21      fclose(wf);
22  }
```

第 34 套　上机考试试题

编写函数 jsValue(),它的功能是求 Fibonacci 数列中大于 t 的最小的一个数,结果由函数返回,其中 Fibonacci 数列 $F(n)$ 的定义为:

$F(0)=0, F(1)=1$

$F(n)=F(n-1)+F(n-2)$

最后调用函数 writeDat(),把结果输出到文件 OUT.DAT 中。

例如:当 t = 1000 时,函数值为 1597。

注意:部分源程序存放在 PROG1.C 中。请勿改动主函数 main()和写函数 WriteDat()的内容。

【试题程序】

```
1   #include <stdio.h>
2   void writeDat();
3
4   int jsValue(int t)
5   {
6
7   }
8
9   void main()
10  {
11      int n;
12      n=1000;
13      printf ("n=%d, f=%d\n", n, jsValue(n));
14  writeDat();
15  }
16
17  void writeDat()
18  {
19      FILE * out;
20      int s;
21      out = fopen("OUT.DAT", "w");
22      s =jsValue(1000); printf("%d",s);
23      fprintf(out, "%d\n", s);
24      fclose(out);
25  }
```

第 35 套　上机考试试题

某级数的前两项 $A_1=1, A_2=1$,以后各项具有如下关系:

$$A_n = A_{n-2} + 2A_{n-1}$$

下列程序的功能是:要求依次对于整数 M = 100、1000 和 10000 求出对应的 n 值,使其满足:$S_n < M$ 且 $S_{n+1} \geqslant M$,这里 S_n =

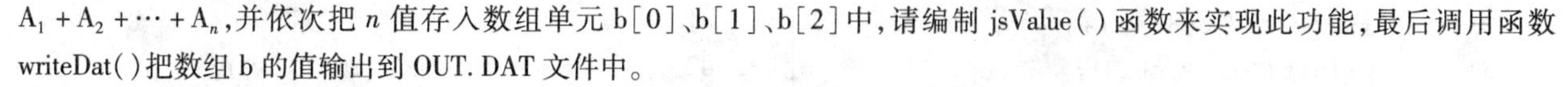

$A_1 + A_2 + \cdots + A_n$，并依次把 n 值存入数组单元 b[0]、b[1]、b[2]中，请编制 jsValue()函数来实现此功能，最后调用函数 writeDat()把数组 b 的值输出到 OUT. DAT 文件中。

注意：部分源程序存放在 PROG1. C 中。请勿改动主函数 main()和写函数 writeDat()的内容。

【试题程序】

```
1   #include <stdio.h>
2   int b[3];
3   void writeDat();
4
5   void jsValue()
6   {
7
8   }
9
10  void main()
11  {
12      jsValue();
13      printf("M = 100,n =%d\nM = 1000,n
            =%d\nM =10000,n =%d\n",b[0],
            b[1],b[2]);
14      writeDat();
15  }
16
17  void writeDat()
18  {
19      FILE * fp;
20      fp = fopen("OUT.DAT","w");
21      fprintf(fp,"%d\n%d\n%d\n",b[0],
22              b[1],b[2]);
        fclose(fp);
23  }
```

第36套 上机考试试题

已知数据文件 IN. DAT 中存有 200 个 4 位数，并已调用读函数 readDat()把这些数存入数组 a 中，请编制一函数 jsVal()，其功能是：把千位数字和十位数字重新组合成一个新的 2 位数（新 2 位数的十位数字是原 4 位数的千位数字，新 2 位数的个位数字是原 4 位数的十位数字），以及把个位数和百位数组成另一个新的 2 位数（新 2 位数的十位数字是原 4 位数的个位数字，新 2 位数的个位数字是原 4 位数的百位数字），如果新组成的两个十位数均为素数且新十位数字均不为 0，则将满足此条件的 4 位数按从大到小的顺序存入数组 b 中，并要计算满足上述条件的 4 位数的个数 cnt，最后调用写函数 writeDat()把结果 cnt 及数组 b 中符合条件的 4 位数输出到 OUT. DAT 文件中。

注意：部分源程序存放在 PROG1. C 中，程序中已定义数组：a[200]，b[200]，已定义变量：cnt。请勿改动主函数 main()、读函数 readDat()和写函数 writeDat()的内容。

【试题程序】

```
1   #include <stdio.h>
2   #define MAX 200
3   int a[MAX],b[MAX],cnt =0;
4   void writeDat();
5
6   int isprime(int m)
7   {
8       int i;
9       for(i =2;i <=m/2;i ++)
10          if(m%i ==0) return 0;
11      return 1;
12  }
13
14  void jsVal()
15  {
16  }
17  void readDat()
18  {
19      int i;
20      FILE * fp;
21      fp = fopen("IN.DAT","r");
22      for(i =0;i <MAX;i ++)
23          fscanf(fp,"%d",&a[i]);
24      fclose(fp);
25  }
26
27  void main()
28  {
29      int i;
30      readDat();
31      jsVal();
32      printf("满足条件的数 =%d\n",cnt);
```

```
33      for(i=0;i<cnt;i++)
34      printf("%d\n",b[i]);
35      printf("\n");
36      void writeDat();
37  }
38  void writeDat()
39  {
40      FILE * fp;
41      int i;
42      fp=fopen("OUT.DAT","w");
43      fprintf(fp,"%d\n",cnt);
44      for(i=0;i<cnt;i++)
45          fprintf(fp, "%d\n",b[i]);
46      fclose(fp);
47  }
```

第37套　上机考试试题

已知数据文件IN.DAT中存有300个4位数,并已调用函数readDat()把这些数存入数组a中,请编制一函数jsValue(),其功能是:求出个位数上的数减千位数上的数减百位数上的数减十位数上的数大于0的个数cnt,再求出所有满足此条件的4位数平均值pjz1,以及所有不满足此条件的4位数平均值pjz2,最后调用函数writeDat()把结果cnt、pjz1、pjz2输出到OUT.DAT文件。

例如:1239,9-1-2-3>0,则该数满足条件,计算平均值pjz1,且个数cnt=cnt+1。

8129,9-8-1-2<0,则该数不满足条件,计算平均值pjz2。

注意:部分源程序存放在PROG1.C中,程序中已定义数组:a[300],b[300],已定义变量:cnt,pjz1,pjz2。请勿改动主函数main()、读函数readDat()和写函数writeDat()的内容。

【试题程序】

```
1   #include <stdio.h>
2   int a[300], cnt=0;
3   double pjz1=0.0,pjz2=0.0;
4   void readDat();
5   void writeDat();
6
7   void jsValue()
8   {
9
10  }
11
12  void main()
13  {
14      readDat();
15      jsValue();
16      writeDat();
17      printf("cnt=%d\n满足条件的平均值pjz1
            =%7.2lf\n不满足条件的平均值pjz2
            =%7.2lf\n",cnt,pjz1,pjz2);
18  }
19  void readDat()
20  {
21      FILE * fp;
22      int i;
23      fp=fopen( "IN.DAT","r");
24      for(i=0;i<300;i++)
25          fscanf(fp,"%d,",&a[i]);
26      fclose(fp);
27  }
28
29  void writeDat()
30  {
31      FILE * fp;
32      fp=fopen("OUT.DAT","w");
33      fprintf (fp,"%d\n%7.2lf\n%7.2lf\n",
                cnt ,pjz1,pjz2);
34      fclose(fp);
35  }
```

第38套　上机考试试题

函数ReadDat()的功能是实现从文件IN.DAT中读取一篇英文文章并存入到字符串数组xx中。请编制函数SortCharA(),该函数的功能是:以行为单位对字符按从小到大的顺序进行排序,排序后的结果仍按行重新存入字符串数组xx中。最后调用函数WriteDat()把结果xx输出到文件OUT.DAT中。

例如,原文:dAe,BfC

　　　CCbbAA

结果:ABCdef

　　　AACCbb

原始数据文件存放的格式是:每行的宽度均小于80个字符,含标点符号和空格。

注意:部分源程序存放在PROG1.C中,请勿改动主函数main()、读函数ReadDat()和写函数WriteDat()的内容。

【试题程序】

```
1   #include <stdio.h>
2   #include <string.h>
3   #include <stdlib.h>
4   char xx[50][80];
5   int maxline =0;
6
7   int ReadDat(void);
8   void WriteDat(void);
9
10  void SortCharA()
11  {
12
13  }
14
15  void main()
16  {
17      system("CLS");
18      if (ReadDat())
19      {
20          printf ("数据文件 IN.DAT 不能打开!
                \n\007");
21          return;
22      }
23      SortCharA();
24      WriteDat();
25  }
26
27  int ReadDat(void)
28  {
29      FILE * fp;
30      int i =0;
31      char * p;
32      if((fp = fopen("IN.DAT","r")) ==NULL)
33          return 1;
34      while(fgets(xx[i],80,fp)! =NULL)
35      {
36          p = strchr(xx[i],'\n');
37          if (p)
38              * p =0;
39          i ++;
40      }
41      maxline = i;
42      fclose(fp);
43      return 0;
44  }
45
46  void WriteDat()
47  {
48      FILE * fp;
49      int i;
50      system("CLS");
51      fp = fopen("OUT.DAT","w");
52      for(i =0;i <maxline;i ++)
53      {
54          printf("%s\n",xx[i]);
55          fprintf(fp,"%s\n",xx[i]);
56      }
57      fclose(fp);
58  }
```

第39套　上机考试试题

函数 readDat()的功能是从文件 IN. DAT 中读取 20 行数据并存放到字符串数组 xx 中(每行字符串长度均小于 80)。请编制函数 jsSort(),该函数的功能是:以行为单位对字符串按下面给定的条件进行排序,排序后的结果仍按行重新存入字符串数组 xx 中,最后调用函数 writeDat()把结果 xx 输出到文件 OUT. DAT 中。

条件:从字符串中间一分为二,左边部分按字符的 ASCII 值降序排序,排序后,左边部分与右边部分按例子所示进行交换。如果原字符串长度为奇数,则最中间的字符不参加处理,字符仍放在原位置上。

例如:	位置	0	1	2	3	4	5	6	7	8
	原字符串	a	b	c	d	h	g	f	e	
		2	3	4	9	8	7	6	5	
处理后的字符串		h	g	f	e	d	c	b	a	
		8	7	6	5	9	4	3	2	

注意:部分源程序存放在 PROG1. C 中。请勿改动主函数 main()、读函数 readDat()和写函数 writeDat()的内容。

【试题程序】

```
1   #include <stdio.h>
2   #include <string.h>
3   #include <stdlib.h>
4   char xx[20][80];
5   void readDat();
6   void writeDat();
7
8   void jsSort()
9   {
10
11  }
12  void main()
13  {
14      readDat();
15      jsSort();
16      writeDat();
17  }
18
19  void readDat()
20  {
21      FILE * in;
22      int i = 0;
23      char * p;
24      in = fopen("IN.DAT", "r");
25      while (i < 20 && fgets(xx[i], 80, in)
            ! = NULL)
26      {
27          p = strchr(xx[i], '\n');
28          if(p)
29              * p = 0;
30          i ++;
31      }
32      fclose(in);
33  }
34
35  void writeDat()
36  {
37      FILE * out;
38      int i;
39      system("CLS");
40      out = fopen("OUT.DAT", "w");
41      for(i = 0; i < 20; i ++)
42      {
43          printf("%s\n", xx[i]);
44          fprintf(out, "%s\n", xx[i]);
45      }
46      fclose(out);
47  }
```

第40套 上机考试试题

已知数据文件IN.DAT中存有200个4位数,并已调用读函数readDat()把这些数存入数组a中,请编制一函数jsVal(),其功能是:依次从数组a中取出一个4位数,如果该4位数连续大于该4位数以前的5个数且该数是偶数(该4位数以前不满5个数,则不统计),则统计出满足此条件的数个数cnt并把这些4位数按从大到小的顺序存入数组b中,最后调用写函数writeDat()把结果cnt及数组b中符合条件的4位数输出到文件OUT.DAT中。

注意:部分源程序存放在PROG1.C中,程序中已定义数组:a[200],b[200],已定义变量:cnt。请勿改动主函数main()、读函数readDat()和写函数writeDat()的内容。

【试题程序】

```
1   #include <stdio.h>
2   #define MAX 200
3   int a[MAX],b[MAX],cnt = 0;
4   void writeDat();
5
6   void jsVal()
7   {
8
9   }
10
11  void readDat()
12  {
13      int i;
14      FILE * fp;
15      fp = fopen("IN.DAT","r");
16      for(i = 0;i < MAX;i ++)
17          fscanf(fp,"%d",&a[i]);
18      fclose(fp);
19  }
20
21  void main()
22  {
23      int i;
24      readDat();
25      jsVal();
26      printf("满足条件的数 =%d\n",cnt);
27      for(i = 0;i < cnt;i ++)
28          printf("%d ",b[i]);
29      printf("\n");
30      writeDat();
31  }
32
```

```
33  void writeDat()
34  {
35      FILE * fp;
36      int i;
37      fp = fopen("OUT.DAT","w");
38      fprintf(fp,"%d\n",cnt);
39      for(i = 0;i < cnt;i ++)
40          fprintf(fp,"%d\n",b[i]);
41      fclose(fp);
42  }
```

第41套　上机考试试题

已知在文件IN.DAT中存有若干个(个数<200)4位数字的正整数，函数ReadDat()的功能是读取这若干个正整数并存入数组xx中。请编制函数CalValue()，其功能要求是：①求出这个文件中共有多少个正整数totNum；②求这些数右移一位后，产生的新数是奇数的数的个数totCnt，以及满足此条件的这些数(右移前的值)的算术平均值totPjz，最后调用函数WriteDat()把所有结果输出到文件OUT.DAT中。

注意：部分源程序存放在PROG1.C中。请勿改动主函数main()、读函数ReadDat()和写函数WriteDat()的内容。

【试题程序】

```
1   #include <stdio.h>
2   #include <stdlib.h>
3   #define MAXNUM 200
4
5   int xx[MAXNUM];
6   int totNum = 0;
7   int totCnt = 0;
8   double totPjz = 0.0;
9   int ReadDat(void);
10  void WriteDat(void);
11
12  void CalValue(void)
13  {
14
15  }
16
17  void main()
18  {
19      int i;
20      system("CLS");
21      for(i = 0;i < MAXNUM;i ++)
22          xx[i] = 0;
23      if(ReadDat())
24      {
25          printf ("数据文件 IN.DAT 不能打开!
                \007\n");
26          return;
27      }
28      CalValue();
29      printf("文件 IN.DAT 中共有正整数 =%d
            个\n",totNum);
30      printf ("符合条件的正整数的个数 =%d 个
                \n",totCnt);
31      printf("平均值 =%.2lf\n",totPjz);
32      WriteDat();
33  }
34
35  int ReadDat(void)
36  {
37      FILE * fp;
38      int i = 0;
39      if((fp = fopen("IN.DAT","r")) == NULL)
40          return 1;
41      while(! feof(fp))
42      {
43          fscanf(fp,"%d",&xx[i ++]);
44      }
45      fclose(fp);
46      return 0;
47  }
48
49  void WriteDat(void)
50  {
51      FILE * fp;
52      fp = fopen("OUT.DAT","w");
53      fprintf (fp,"%d\n%d\n%.2lf\n",tot-
            Num,totCnt,totPjz);
54      fclose(fp);
55  }
```

第42套　上机考试试题

请编制程序，要求：将文件IN.DAT中的200个整数读入数组xx中，求出数组xx中奇数的个数cnt1和偶数的个数cnt2，以及数组xx下标为偶数的元素值的算术平均值pj(保留2位小数)，最后把结果cnt1、cnt2、pj输出到OUT.DAT中。

注意：部分程序、读函数 read_dat(int xx[200])及输出格式存放在 PROG1.C 中。

【试题程序】

```
1  #include <stdlib.h>
2  #include <stdio.h>
3  #define N 200
4
5  void read_dat(int xx[N])
6  {
7      int i,j;
8      FILE * fp;
9      fp=fopen("IN.DAT","r");
10     for(i=0;i<20;i++)
11     {
12         for(j=0;j<10;j++)
13         {
14             fscanf (fp,"%d,",&xx[i* 10 +
                   j]);
15             printf("%d ",xx[i* 10 +j]);
16         }
17         printf("\n");
18     }
19     fclose(fp);
20 }
21
22 void main()
23 {
24     int cnt1,cnt2,xx[N];
25     float pj;
26     FILE * fw;
27     int i,k=0;
28     long j;
29     system("CLS");
30     fw=fopen("OUT.DAT","w");
31     read_dat(xx);
32     printf ("\n\ncnt1=%d,cnt2=%d,pj=
           %6.2f\n",cnt1,cnt2,pj);
33     fprintf (fw,"%d\n%d\n%6.2f\n",cnt1,
           cnt2,pj);
34     fclose(fw);
35 }
```

第43套　上机考试试题

请编制程序，要求：将文件 IN.DAT 中的200个整数读入数组 xx 中，求出数组 xx 中奇数的个数 cnt1 和偶数的个数 cnt2，以及数组 xx 下标为奇数的元素值的算术平均值 pj(保留两位小数)，最后把结果 cnt1、cnt2、pj 输出到 OUT.DAT 中。

注意：部分程序、读函数 read_dat(int xx[200])及输出格式存放在 PROG1.C 中。

【试题程序】

```
1  #include <stdlib.h>
2  #include <stdio.h>
3  #define N 200
4
5  void read_dat(int xx[N])
6  {
7      int i,j;
8      FILE * fp;
9      fp=fopen("IN.DAT","r");
10     for(i=0;i<20;i++)
11     {
12         for(j=0;j<10;j++)
13         {
14             fscanf (fp,"%d,",&xx[i* 10 +
                   j]);
15             printf("%d ",xx[i* 10 +j]);
16         }
17         printf("\n");
18     }
19     fclose(fp);
20 }
21 void main()
22 {
23     int cnt1,cnt2,xx[N];
24     float pj;
25     FILE * fw;
26     system("CLS");
27     fw=fopen("OUT.DAT","w");
28     read_dat(xx);
29     printf ("\n\ncnt1=%d,cnt2=%d,pj=
           %6.2f\n",cnt1,cnt2,pj);
30     fprintf (fw,"%d\n%d\n%6.2f\n",cnt1,
           cnt2,pj);
31     fclose(fw);
32 }
```

第44套　上机考试试题

已知在文件IN.DAT中存有N个实数(N<200),已调用函数ReadDat()读取这N个实数并存入数组xx中。请编制程序CalValue(),其功能要求:①求出这N个实数的平均值aver;②分别求出这N个实数的整数部分值之和sumint及其小数部分之和sumdec,最后调用函数WriteDat()把所求的结果输出到文件OUT.DAT中。

注意:部分源程序存放在PROG1.C中。请勿改动主函数main()、读函数ReadDat()和写函数WriteDat()的内容。

【试题程序】

```
1  #include <stdio.h>
2  #include <stdlib.h>
3  #define MAXNUM 200
4
5  float xx[MAXNUM];
6  int N=0;
7  double aver=0.0;
8  double sumint=0.0;
9  double sumdec=0.0;
10
11 int ReadDat();
12 void WriteDat();
13
14 void CalValue()
15 {
16
17 }
18
19 void main()
20 {
21     system("CLS");
22     if(ReadDat())
23     {
24         printf("数据文件IN.DAT不能打开!
               \007\n");
25         return;
26     }
27     CalValue();
28     printf("文件IN.DAT中共有实数%d个
               \n",N);
29     printf("平均值=%.2lf\n",aver);
30     printf("整数部分之和=%.2lf\n",sumint);
31     printf("小数部分之和=%.2lf\n",sum-
               dec);
32     WriteDat();
33 }
34
35 int ReadDat()
36 {
37     FILE * fp;
38     if((fp=fopen("IN.DAT","r"))==
           NULL)
39         return 1;
40     while(!feof(fp))
41     {
42         fscanf(fp,"%f",&xx[N]);
43         if (xx[N]>0.001) N++;
44     }
45     fclose(fp);
46     return 0;
47 }
48
49 void WriteDat()
50 {
51     FILE * fp;
52     fp=fopen("OUT.DAT","w");
53     fprintf(fp,"%d\n%.2lf\n%.2lf\n%.2lf
           \n",N,aver,sumint,sumdec);
54     fclose(fp);
55 }
```

第45套　上机考试试题

已知数据文件IN.DAT中存有300个4位数,并已调用函数readDat()把这些数存入数组a中,请编制一函数jsValue(),其功能是:求出这些4位数是素数的个数cnt,再求出所有满足此条件的4位数的平均值pjz1,以及所有不满足此条件的4位数的平均值pjz2,最后调用函数writeDat()把结果cnt、pjz1、pjz2输出到OUT.DAT文件中。

例如:5591是素数,则该数满足条件,计算平均值pjz1,且个数cnt=cnt+1。

9812是非素数,则该数不满足条件,计算平均值pjz2。

注意:部分源程序存放在PROG1.C中,程序中已定义数组:a[300],b[300],已定义变量:cnt,pjz1,pjz2。请勿改动主函数main()、读函数readDat()和写函数writeDat()的内容。

【试题程序】

```
1  #include <stdio.h>
2  int a[300], cnt =0;
3  double pjz1 =0.0,pjz2 =0.0;
4  void readDat();
5  void writeDat();
6
7  int isP(int m)
8  {
9      int i;
10     for(i =2;i <m;i ++)
11         if(m%i ==0)
12             return 0;
13     return 1;
14 }
15 void jsValue()
16 {
17
18 }
19
20 void main()
21 {
22     readDat();
23     jsValue();
24     writeDat();
25     printf ("cnt =%d\n 满足条件的平均值 pjz1
           =%7.2lf\n 不满足条件的平均值 pjz2
           =%7.2lf\n",cnt,pjz1,pjz2);
26 }
27
28 void readDat()
29 {
30     FILE * fp;
31     int i;
32     fp =fopen( "IN.DAT","r");
33     for(i =0;i <300;i ++)
34         fscanf(fp,"%d,",&a[i]);
35     fclose(fp);
36 }
37
38 void writeDat()
39 {
40     FILE * fp;
41     fp =fopen("OUT.DAT","w");
42     fprintf (fp,"%d\n%7.2lf\n%7.2lf\n",
              cnt ,pjz1,pjz2);
43     fclose(fp);
44 }
```

第 46 套　上机考试试题

请编制函数 ReadDat()实现从文件 IN. DAT 中读取 1000 个十进制整数到数组 xx 中。请编制函数 Compute()分别计算出 xx 中奇数的个数 odd、偶数的个数 even、平均值 aver 及方差 totfc 的值，最后调用函数 WriteDat()把结果输出到 OUT. DAT 文件中。

计算方差的公式如下：

$$totfc = \sum_{i=0}^{N-1} (xx[i] - aver)^2 / N$$

注意：部分源程序存放在 PROG1. C 中，原始数据的存放格式是：每行存放 10 个数，并用逗号隔开（每个数均大于 0 且小于等于 2000）。请勿改动主函数 main()和写函数 WriteDat()的内容。

【试题程序】

```
1  #include <stdio.h>
2  #include <stdlib.h>
3  #include <string.h>
4  #define MAX 1000
5  int xx[MAX],odd =0,even =0;
6  double aver =0.0,totfc =0.0;
7  void WriteDat(void);
8
9  int ReadDat(void)
10 {
11     FILE * fp;
12
13     if ((fp = fopen ("IN.DAT","r")) ==
          NULL)
14     return 1;
15     fclose(fp);
16     return 0;
17 }
18
19 void Compute(void)
```

```
20  {
21
22  }
23
24  void main()
25  {
26      int i;
27      for(i=0;i<MAX;i++)
28          xx[i]=0;
29      if(ReadDat())
30      {
31          printf("数据文件 IN.DAT 不能打开!
                \007\n");
32          return;
33      }
34      Compute();
35      printf("ODD=%d\nEVEN=%d\nAVER=%lf
            \nTOTFC=%lf\n", odd, even,
            aver,totfc);
36      WriteDat();
37  }
38
39  void WriteDat(void)
40  {
41      FILE *fp;
42      fp=fopen("OUT.DAT","w");
43      fprintf(fp,"%d\n%d\n%lf\n%lf\n",
                odd,even,aver,totfc);
44      fclose(fp);
45  }
```

第47套　上机考试试题

请编写函数 void countValue(int *a,int *n),它的功能是:求出1到1000之内能被7或11整除但不能同时被7和11整除的所有整数,其结果按从小到大的顺序存放在数组a中,并通过n返回这些数的个数。

注意:部分源程序存放在PROG1.C中。请勿改动主函数main()和写函数writeDAT()的内容。

【试题程序】

```
1   #include <stdlib.h>
2   #include <stdio.h>
3   void writeDAT();
4
5   void countValue(int *a,int *n)
6   {
7
8   }
9
10  void main()
11  {
12      int aa[1000],n,k;
13      system("CLS");
14      countValue(aa,&n);
15      for(k=0;k<n;k++)
16          if((k+1)%10==0)
17          {
18            printf("%5d",aa[k]);
19            printf("\n");
20          }
21      else
22        printf("%5d",aa[k]);
23      writeDAT();
24  }
25
26  void writeDAT()
27  {
28      int aa[1000],n,k;
29      FILE *fp;
30      fp=fopen("OUT.DAT","w");
31      countValue(aa,&n);
32      for(k=0;k<n;k++)
33          if((k+1)%10==0)
34          {
35              fprintf(fp,"%5d",aa[k]);
36              fprintf(fp,"\n");
37          }
38          else
39            fprintf(fp,"%5d",aa[k]);
40      fclose(fp);
41  }
```

第48套　上机考试试题

函数ReadDat()的功能是实现从文件ENG.IN中读取一篇英文文章,并存入到字符串数组xx中。请编制函数encryChar(),按给定的替代关系对数组xx中所有字符进行替代,最终替代的结果仍存入数组xx的对应的位置上,最后调用函数WriteDat()把结果xx输出到文件ps.dat中。

替代关系：f(p) = p * 11 mod 256（p是数组xx中某一个字符的ASCII值，f(p)是计算后新字符的ASCII值），如果原字符是数字字符0至9或计算后f(p)的值小于等于32，则该字符不变，否则将f(p)所对应的字符进行替代。

注意：部分源程序存放在PROG1.C中，原始数据文件的存放格式是每行的宽度均小于80个字符。请勿改动主函数main()、读函数ReadDat()和写函数WriteDat()的内容。

【试题程序】

```
1  #include <stdlib.h>
2  #include <stdio.h>
3  #include <string.h>
4  #include <ctype.h>
5  unsigned char xx[50][80];
6  int maxline = 0;
7  int ReadDat(void);
8  void WriteDat(void);
9
10 void encryChar()
11 {
12
13 }
14
15 void main()
16 {
17     system("CLS");
18     if(ReadDat())
19     {
20         printf("数据文件ENG.IN不能打开!
               \n\007");
21        return;
22     }
23     encryChar();
24     WriteDat();
25 }
26
27 int ReadDat(void)
28 {
29     FILE * fp;
30     int i = 0;
31     unsigned char * p;
32     if((fp = fopen("ENG.IN","r")) == NULL)
33         return 1;
34     while(fgets(xx[i],80,fp) != NULL)
35     {
36         p = strchr(xx[i],'\n');
37         if(p)
38             * p = 0;
39         i++;
40     }
41     maxline = i;
42     fclose(fp);
43     return 0;
44 }
45 void WriteDat()
46 {
47     FILE * fp;
48     int i;
49     fp = fopen("ps.dat","w");
50     for(i = 0;i < maxline;i++)
51     {
52         printf("%s\n",xx[i]);
53         fprintf(fp,"%s\n",xx[i]);
54     }
55     fclose(fp);
56 }
```

第49套　上机考试试题

下列程序的功能是：计算500~800之间素数的个数cnt，并按所求素数的值从大到小的顺序，再计算其间隔减、加之和，即第1个素数－第2个素数＋第3个素数－第4个素数＋第5个素数……的值sum。请编写函数countValue()实现程序的要求，最后调用函数writeDat()把结果cnt和sum输出到文件OUT.DAT中。

注意：部分源程序存放在PROG1.C中。请勿改动主函数main()和写函数writeDAT()的内容。

【试题程序】

```
1  #include <stdio.h>
2  int cnt,sum;
3  void writeDAT();
4
5  void countValue()
6  {
7
8  }
```

```
9   void main()
10  {
11      cnt = sum = 0;
12      countValue();
13      printf("素数的个数 = %d\n",cnt);
14      printf("按要求计算得值 = %d\n",sum );
15      writeDAT();
16  }
17  void writeDAT()
18  {
19      FILE * fp;
20      fp = fopen("OUT.DAT","w");
21      fprintf(fp,"%d\n%d\n",cnt,sum);
22      fclose(fp);
23  }
24
```

第50套　上机考试试题

下列程序的功能是：将大于整数m且紧靠m的k个素数存入到数组xx中。请编写函数num(int m,int k,int xx[ ])实现程序的要求，最后调用函数readwriteDAT()把结果输出到OUT.DAT文件中。

例如：若输入17,5，则应输出19,23,29,31,37。

注意：部分源程序存放在PROG1.C中。请勿改动主函数main()和输入输出函数readwriteDAT()的内容。

【试题程序】

```
1   #include <stdlib.h>
2   #include <stdio.h>
3   void readwriteDAT();
4
5   void num(int m,int k,int xx[])
6   {
7
8   }
9
10  void main()
11  {
12      int m,n,xx[1000];
13      system("CLS");
14      printf("\nPlease enter two integers:");
15      scanf("%d,%d",&m,&n);
16      num(m, n, xx);
17      for(m=0;m<n;m++)
18          printf("%d ",xx[m]);
19      printf("\n");
20      readwriteDAT();
21  }
22
23  void readwriteDAT()
24  {
25      int m, n, xx[1000],i;
26      FILE * rf,* wf;
27      rf = fopen("IN.DAT","r");
28      wf = fopen("OUT.DAT","w");
29      for(i=0;i<10;i++)
30      {
31          fscanf(rf,"%d %d",&m,&n);
32          num(m,n,xx);
33          for(m=0;m<n;m++)
34              fprintf(wf,"%d ",xx[m]);
35          fprintf(wf,"\n");
36      }
37      fclose(rf);
38      fclose(wf);
39  }
```

第51套　上机考试试题

函数ReadDat()的功能是实现从文件IN.DAT中读取一篇英文文章并存入到字符串数组xx中。请编制函数StrOR()，该函数的功能是：以行为单位把字符串中所有小写字母“o”左边的字符串内容移至该串的右边存放，然后把小写字母“o”删除，余下的字符串内容移到已处理字符串的左边存放，最后把已处理的字符串仍按行重新存入到字符串数组xx中，最后调用函数WriteDat()把结果输出到文件OUT.DAT中。

例如，原文：You can create an index on any field
you have the correct record

结果：n any field Yu can create an index
rd yu have the crrect rec

注意：部分源程序存放在PROG1.C中，原始数据文件存放的格式是：每行的宽度均小于80个字符，含标点符号和空格。请勿改动主函数main()、读函数ReadDat()和写函数WriteDat()的内容。

【试题程序】

```
1  #include <stdio.h>
2  #include <string.h>
3  #include <stdlib.h>
4  char xx[50][80];
5  int maxline=0;
6  int ReadDat(void);
7  void WriteDat(void);
8  void StrOR(void)
9
10 {
11
12 }
13
14 void main()
15 {
16     system("CLS");
17     if(ReadDat())
18     {
19         printf("数据文件 IN.DAT 不能打开!
               \n\007");
20         return;
21     }
22     StrOR();
23     WriteDat();
24 }
25 int ReadDat(void)
26 {
27     FILE * fp;
28     int i=0;
29     char * p;
30     if((fp=fopen("IN.DAT","r"))==NULL)
31         return 1;
32     while(fgets(xx[i],80,fp)!=NULL)
33     {   p=strchr(xx[i],'\n');
34         if (p)
35             * p=0;
36         i++;
37     }
38     maxline=i;
39     fclose(fp);
40     return 0;
41 }
42
43 void WriteDat(void)
44 {
45     FILE * fp;
46     int i;
47     system("CLS");
48     fp=fopen("OUT.DAT","w");
49     for (i=0;i<maxline;i++)
50     {
51         printf("%s\n",xx[i]);
52         fprintf(fp,"%s\n",xx[i]);
53     }
54     fclose(fp);
55 }
```

第52套　上机考试试题

函数 ReadDat()的功能是实现从文件 IN.DAT 中读取一篇英文文章并存入到字符串数组 xx 中。请编制函数 StrOL(),该函数的功能是:以行为单位对行中以空格或标点符号为分隔的所有单词进行倒排,然后把已处理的字符串(应不含标点符号)仍按行重新存入到字符串数组 xx 中,最后调用函数 WriteDat()把结果 xx 输出到文件 OUT.DAT 中。

例如,原文:You He Me
　　　　I am a student.
　　结果:Me He You
　　　　student a am I.

注意:部分源程序存放在 PROG1.C 中,原始数据文件存放的格式是:每行的宽度均小于 80 个字符,含标点符号和空格。请勿改动主函数 main()、读函数 ReadDat()和写函数 WriteDat()的内容。

【试题程序】

```
1  #include <stdio.h>
2  #include <string.h>
3  #include <stdlib.h>
4  #include <memory.h>
5  #include <ctype.h>
6  char xx[50][80];
7  int maxline =0;      /* 文章的总行数 */
8  int ReadDat(void);
9  void WriteDat(void);
10 void StrOL(void)
11 {
12
13 }
14
```

```
15  void main()
16  {
17      system("CLS");
18      if (ReadDat ())
19      {
20          printf ("数据文件 IN.DAT 不能打开!
                \n\007");
21          return;
22      }
23      StrOL();
24      WriteDat();
25  }
26  int ReadDat(void)
27  {
28      FILE * fp;
29      int i =0;
30      char * p;
31      if ((fp = fopen ("IN.DAT", "r")) ==
        NULL)
32          return 1;
33      while(fgets(xx[i], 80, fp) ! =NULL)
34      {
35          p =strchr(xx [i], '\n');
36          if(p)
37              * p =0;
38          i ++;
39      }
40      maxline =i;
41      fclose(fp);
42      return 0;
43  }
44
45  void WriteDat(void)
46  {
47      FILE* fp;
48      int i;
49      system("CLS");
50      fp =fopen("OUT.DAT", "w");
51      for(i =0; i <maxline; i ++)
52      {
53          printf("%s\n", xx[i]);
54          fprintf(fp, "%s\n", xx[i]);
55      }
56
57      fclose(fp);
58  }
```

第53套　上机考试试题

函数 readDat()的功能是从文件 IN. DAT 中读取 20 行数据并存放到字符串数组 xx 中(每行字符串的长度均小于 80)。请编制函数 jsSort(),该函数的功能是:以行为单位对字符串变量的下标为奇数位置上的字符按其 ASCII 值从小到大的顺序进行排序,排序后的结果仍按行重新存入到字符串数组 xx 中,最后调用函数 writeDat()把结果 xx 输出到文件OUT. DAT 中。

例如:位置　　　0　1　2　3　4　5　6　7

　　原字符串　h　g　f　e　d　c　b　a

处理后的字符串　h　a　f　c　d　e　b　g

注意:部分源程序存放在 PROG1. C 中。请勿改动主函数 main()、读函数 readDat()和写函数 writeDat()的内容。

【试题程序】

```
1   #include <stdio.h>
2   #include <string.h>
3   #include <stdlib.h>
4   char xx[20][80];
5   void readDat();
6   void writeDat();
7
8   void jsSort()
9   {
10
11  }
12
13  void main()
14  {
15      readDat();
16      jsSort();
17      writeDat();
18  }
19
20  void readDat()
21  {
22      FILE * in;
23      int i =0;
24      char * p;
25      in =fopen("IN.DAT","r");
26      while (i <20 && fgets (xx[i],80,in)
            ! =NULL)
27      {   p =strchr(xx[i],'\n');
28          if(p)
29              * p =0;
```

```
30          i ++;
31      }
32      fclose(in);
33  }
34
35  void writeDat()
36  {
37      FILE * out;
38      int i;
39      out = fopen("OUT.DAT","w");
40      system("CLS");
41      for(i =0;i <20;i ++)
42      {
43          printf("%s\n",xx[i]);
44          fprintf(out,"%s\n",xx[i]);
45      }
46      fclose(out);
47  }
```

第54套　上机考试试题

函数 readDat()的功能是实现从文件 IN. DAT 中读取 20 行数据并存放到字符串数组 xx 中(每行字符串长度均小于 80)。请编制函数 jsSort(),其功能是:以行为单位对字符串按下面给定的条件进行排序,排序后的结果仍按行重新存入字符串数组 xx 中,最后调用函数 writeDat()把结果 xx 输出到文件 OUT. DAT 中。

条件:从字符串中间一分为二,左边部分按字符的 ASCII 值降序排序,右边部分按字符的 ASCII 值升序排序。如果原字符串长度为奇数,则最中间的字符不参加排序,字符仍放在原位置上。

例如:

	位置	0	1	2	3	4	5	6	7	8
	原字符串	a	b	c	d	h	g	f	e	
		1	2	3	4	9	8	7	6	5
处理后的字符串		d	c	b	a	e	f	g	h	
		4	3	2	1	9	5	6	7	8

注意:部分源程序存放在 PROG1. C 中。请勿改动主函数 main()、读函数 readDat()和写函数 writeDat()的内容。

【试题程序】

```
1   #include <stdio.h>
2   #include <string.h>
3   #include <stdlib.h>
4   char xx[20][80];
5   void readDat();
6   void writeDat();
7
8   void jsSort()
9   {
10
11  }
12
13  void main()
14  {
15      readDat();
16      jsSort();
17      writeDat();
18  }
19
20  void readDat()
21  {
22      FILE * in;
23      int i =0;
24      char * p;
25      in = fopen("IN.DAT","r");
26      while (i <20 && fgets(xx[i],80,in)!
            =NULL)
27      {
28          p = strchr(xx[i],'\n');
29          if(p)
30              * p =0;
31          i ++;
32      }
33      fclose(in);
34  }
35
36  void writeDat()
37  {
38      FILE * out;
39      int i;
40      system("CLS");
41      out = fopen("OUT.DAT","w");
42      for(i =0;i <20;i ++)
43      {
44          printf("%s\n",xx[i]);
45          fprintf(out,"%s\n",xx[i]);
46      }
47      fclose(out);
48  }
```

第55套　上机考试试题

对10个候选人进行选举，现有一个100条记录的选票文件ENG.IN，其数据存放格式是每条记录的长度均为10位，第一位表示第一个人的选中情况，第二位表示第二个人的选中情况，依次类推。每一位候选人的记录内容均为字符0或1，1表示此人被选中，0表示此人未被选中，全选或全不选(空选票)均为无效的选票。给定函数ReadDat()的功能是把选票记录读入到字符串数组xx中。请编制函数CoutRs()来统计每个人的选票数并把得票数依次存入yy[0]到yy[9]中，最后调用写函数WriteDat()把结果yy输出到文件OUT.DAT中。

注意：部分源程序存放在PROG1.C中。请勿改动主函数main()、读函数ReadDat()和写函数WriteDat()的内容。

【试题程序】

```
1   #include <memory.h>
2   #include <stdio.h>
3   char xx[100][11];
4   int yy[10];
5   int ReadDat(void);
6   void WriteDat(void);
7
8   void CoutRs(void)
9   {
10
11  }
12
13  void main()
14  {
15      int i;
16      for(i=0;i<10;i++)
17          yy[i]=0;
18      if(ReadDat())
19      {
20          printf("数据文件 ENG.IN 不能打开!
                \n\007");
21          return;
22      }
23      CoutRs();
24      WriteDat();
25  }
26
27  int ReadDat(void)
28  {
29      FILE * fp;
30      int i;
31      char tt[13];
32      if((fp=fopen("ENG.IN","r"))==NULL)
33          return 1;
34      for(i=0;i<100;i++)
35      {
36          if(fgets(tt,13,fp)==NULL)
37              return 1;
38          memcpy(xx[i],tt,10);
39          xx[i][10]=0;
40      }
41      fclose(fp);
42      return 0;
43  }
44
45  void WriteDat()
46  {
47      FILE * fp;
48      int i;
49      fp=fopen("OUT.DAT","w");
50      for(i=0;i<10;i++)
51      {
52          fprintf(fp,"%d\n",yy[i]);
53          printf("第%d个人的选票数=%d\n",
                i+1,yy[i]);
54      }
55      fclose(fp);
56  }
```

第56套　上机考试试题

函数ReadDat()的功能是实现从文件ENG.IN中读取一篇英文文章，并存入到字符串数组xx中。请编制函数encryptChar()，按给定的替代关系对数组xx中的所有字符进行替代，最终替代的结果仍存入数组xx的对应的位置上，最后调用函数WriteDat()把结果xx输出到文件PS.DAT中。

替代关系：f(p)=p*11 mod 256(p是数组xx中某一个字符的ASCII值，f(p)是计算后新字符的ASCII值)，如果原字符的ASCII值是偶数或计算后f(p)的值小于等于32，则该字符不变，否则将f(p)所对应的字符进行替代。

注意：部分源程序存放在PROG1.C中，原始数据文件存放的格式是：每行的宽度均小于80个字符。请勿改动主函数main()、读函数ReadDat()和写函数WriteDat()的内容。

【试题程序】

```
1  #include <stdio.h>
2  #include <string.h>
3  #include <stdlib.h>
4  #include <ctype.h>
5  unsigned char xx[50][80];
6  int maxline =0; /* 文章的总行数 * /
7  int ReadDat(void);
8  void WriteDat(void);
9
10 void encryptChar()
11 {
12
13 }

14 void main()
15 {
16     system("CLS");
17     if(ReadDat())
18     {
19         printf ("数据文件 ENG.IN 不能打开!
               \n\007");
20         return;
21     }
22     encryptChar();
23     WriteDat();
24 }
25 int ReadDat(void)
26 {
27     FILE * fp;
28     int i =0;
29     unsigned char * p;
30     if ((fp = fopen("ENG.IN","r")) ==
       NULL)
31         return 1;
32     while(fgets(xx[i], 80, fp) ! =NULL)
33     {
34         p =strchr(xx[i], '\n');
35         if(p)
36             * p =0;
37         i++;
38     }
39     maxline =i;
40     fclose(fp);
41     return 0;
42 }
43
44 void WriteDat(void)
45 {
46     FILE * fp;
47     int i;
48     fp =fopen("PS.DAT", "w");
49     for(i =0; i <maxline; i++)
50     {
51         printf("%s\n", xx[i]);
52         fprintf(fp, "%s\n", xx[i]);
53     }
54         fclose(fp);
55 }
```

第57套　上机考试试题

函数 ReadDat( )的功能是实现从文件 ENG. IN 中读取一篇英文文章，并存入到字符串数组 xx 中。请编制函数 encryptChar( )，按给定的替代关系对数组 xx 中的所有字符进行替代，最终替代的结果仍存入数组 xx 的对应的位置上，最后调用函数 WriteDat( )把结果 xx 输出到文件 PS. DAT 中。

替代关系：f(p) = p * 11 mod 256(p 是数组 xx 中某一个字符的 ASCII 值，f(p)是计算后新字符的 ASCII 值)，如果计算后 f(p)的值小于等于 32 或 f(p)对应的字符是数字 0 ~ 9，则该字符不变，否则将 f(p)所对应的字符进行替代。

注意：部分源程序存放在 PROG1. C 中，原始数据文件存放的格式是：每行的宽度均小于 80 个字符。请勿改动主函数 main( )、读函数 ReadDat( )和写函数 WriteDat( )的内容。

【试题程序】

```
1  #include <stdio.h>
2  #include <string.h>
3  #include <stdlib.h>
4  #include <ctype.h>
5  unsigned char xx[50][80];
6  int maxline =0; /* 文章的总行数 * /
7  int ReadDat(void);
8  void WriteDat(void);
9  void encryptChar()
10 {
11
12 }
13
14 void main()
15 {
16     system("CLS");
```

```
17      if(ReadDat())
18      {
19          printf("数据文件 ENG.IN 不能打开!
                  \n\007");
20          return;
21      }
22      encryptChar();
23      WriteDat();
24  }
25
26  int ReadDat(void)
27  {
28      FILE * fp;
29      int i =0;
30      unsigned char * p;
31      if ((fp = fopen("ENG.IN", "r")) ==
          NULL)
32          return 1;
33      while(fgets(xx[i], 80, fp) ! =NULL)
34      {
35          p =strchr(xx[i], '\n');
36          if(p)
37              * p =0;
38          i ++;
39      }
40      maxline =i;
41      fclose(fp);
42      return 0;
43  }
44  void WriteDat(void)
45  {
46      FILE * fp;  int i;
47      fp =fopen("PS.DAT", "w");
48      for(i =0; i <maxline; i ++)
49      {
50          printf("%s\n", xx[i]);
51          fprintf(fp, "%s\n", xx[i]);
52      }
53      fclose(fp);
54  }
```

第58套　上机考试试题

读函数ReadDat()的功能是实现从文件ENG.IN中读取一篇英文文章,并存入到字符串数组xx中。请编制函数encryptChar(),按给定的替代关系对数组xx中的所有字符进行替代,最终替代的结果仍存入数组xx的对应的位置上,最后调用写函数WriteDat()把结果xx输出到文件PS.DAT中。

替代关系:f(p) = p * 11 mod 256(p是数组xx中某一个字符的ASCII值,f(p)是计算后新字符的ASCII值),如果计算后f(p)的值小于等于32或f(p)对应的字符是小写字母,则该字符不变,否则将f(p)所对应的字符进行替代。

注意:部分源程序存放在PROG1.C中,原始数据文件存放的格式是:每行的宽度均小于80个字符。请勿改动主函数main()、读函数ReadDat()和写函数WriteDat()的内容。

【试题程序】

```
1   #include <stdio.h>
2   #include <string.h>
3   #include <stdlib.h>
4   #include <ctype.h>
5   unsigned char xx[50][80];
6   int maxline =0; /* 文章的总行数 * /
7   int ReadDat(void);
8   void WriteDat(void);
9   void encryptChar()
10  {
11
12  }
13  void main()
14  {
15      system("CLS");
16      if(ReadDat())
17      {
18          printf("数据文件 ENG.IN 不能打开!
                  \n\007");
19          return;
20      }
21      encryptChar();
22      WriteDat();
23  }
24
25  int ReadDat(void)
26  {
27      FILE * fp;
28      int i =0;
29      unsigned char * p;
30      if ((fp = fopen("ENG.IN", "r")) ==
          NULL)
31          return 1;
32      while(fgets(xx[i], 80, fp) ! =NULL)
        {
33          p =strchr(xx[i],'\n');
34          if(p)
35              * p =0;
```

```
36      i ++;
37      }
38      maxline =i;
39      fclose(fp);
40      return 0;
41  }
42  void WriteDat(void)
43  {
44      FILE * fp;
46      int i;
47      fp =fopen("PS.DAT", "w");
48      for (i =0; i <maxline; i ++)
49      {
50          printf("%s\n", xx[i]);
51          fprintf(fp, "%s\n", xx[i]);
52      }
53      fclose(fp);
54  }
```

第59套　上机考试试题

函数ReadDat()的功能是实现从文件IN.DAT中读取一篇英文文章,并存入到字符串数组xx中。请编制函数CovertCharD(),该函数的功能是:以行为单位把字符串中的所有小写字母改成该字母的上一个字母,如果是字母a,则改成字母z。大写字母仍为大写字母,小写字母仍为小写字母,其他字符不变。把已处理的字符串仍按行重新存入到字符串数组xx中,最后调用函数WriteDat()把结果xx输出到文件OUT.DAT中。

例如:原文　Adb　Bcdza

　　　　　abck　LLhj

　　结果　Aca　Bbcyz

　　　　　zabj　LLgi

注意:部分源程序存放在PROG1.C中,原始数据文件存放的格式是:每行的宽度均小于80个字符,含标点符号和空格。请勿改动主函数main()、读函数ReadDat()和写函数WriteDat()的内容。

【试题程序】

```
1   #include <stdio.h>
2   #include <string.h>
3   #include <stdlib.h>
4   char xx[50][80];
5   int maxline =0;
6   int ReadDat(void);
7   void WriteDat(void);
8   void CovertCharD()
9   {
10
11  }
12  void main()
13  {
14      system("CLS");
15      if(ReadDat())
16      {
17          printf ("数据文件 IN.DAT 不能打开
18                  \n\007");
19          return;
        }
20      CovertCharD();
21      WriteDat();
22  }
23  int ReadDat()
24  {
25      FILE * fp;
26      int i =0;
27      char * p;
28      if((fp =fopen("IN.DAT","r")) ==NULL)
29          return 1;
30      while(fgets(xx[i],80,fp)! =NULL)
31      {
32          p =strchr(xx[i],'\n');
33          if(p)
34              * p =0;
35          i ++;
36      }
37      maxline =i;
38      fclose(fp);
39      return 0;
40  }
41  void WriteDat(void )
42  {
43      FILE * fp;
44      int i;
45      system("CLS");
46      fp =fopen("OUT.DAT","w");
47      for(i =0;i <maxline;i ++)
48      {
49          printf("%s\n",xx[i]);
50          fprintf(fp,"%s\n",xx[i]);
51      }
52      fclose(fp);
53  }
```

第60套 上机考试试题

下列程序的功能是:把s字符串中的所有字母改成该字母的下一个字母,字母z改成字母a。要求大写字母仍为大写字母,小写字母仍为小写字母,其他字符不变。请编写函数chg(char *s)实现程序要求,最后调用函数readwriteDAT(),读取IN.DAT中的字符串,并把结果输出到文件OUT.DAT中。

例如:s字符串中原有的内容为Mn 123Zxy,调用该函数后,结果为No 123Ayz。

注意:部分源程序存放在PROG1.C中。请勿改动主函数main()和输入输出函数readwriteDAT()的内容。

【试题程序】

```
1   #include <stdio.h>
2   #include <string.h>
3   #include <stdlib.h>
4   #include <ctype.h>
5   #define N 81
6
7   void readwriteDAT();
8
9   void chg(char * s)
10  {
11
12  }
13
14  void main()
15  {
16      char a[N];
17      system("CLS");
18      printf("Enter a string:");
19      gets(a);
20      printf("The original string is :");
21      puts(a);
22      chg(a);
23      printf("The string after modified:");
24      puts(a);
25      readwriteDAT();
26  }
27  void readwriteDAT()
28  {
29      int i;
30      char a[N];
31      FILE * rf,* wf;
32      rf=fopen("IN.DAT","r");
33      wf=fopen("OUT.DAT","w");
34      for(i=0;i<10;i++)
35      {
36          fgets(a,81,rf);
37          chg(a);
38          fprintf(wf,"%s",a);
39      }
40      fclose(rf);
41      fclose(wf);
42  }
```

第61套 上机考试试题

下列程序的功能是:把s字符串中所有的字符左移一个位置,把字符串中的第一个字符移到最后。请编制函数chg(char *s)实现程序要求,最后调用函数readwriteDat()把结果输出到OUT.DAT文件中。

例如:s字符串中原有内容为Mn,123xyZ,调用该函数后,结果为n,123xyZM。

注意:部分源程序存放在PROG1.C中。请勿改动主函数main()和输入输出函数readwriteDAT()的内容。

【试题程序】

```
1   #include <string.h>
2   #include <stdlib.h>
3   #include <stdio.h>
4   #define N 81
5   void readwriteDAT();
6
7   void chg(char * s)
8   {
9
10  }
11
12  void main()
13  {
14      char a[N];
15      system("CLS");
16      printf("Enter a string :");
17      gets(a);
18      printf("The original string is :");
19      puts(a);
20      chg(a);
21      printf("The string after modified :");
22      puts(a);
```

```
23    readwriteDAT();
24  }
25  void readwriteDAT()
26  {
27    int i;
28    char a[N];
29    unsigned char * p;
30    FILE * rf,* wf;
31    rf=fopen("IN.DAT","r");
32    wf=fopen("OUT.DAT","w");
33    for(i=0;i<10;i++)
34    {
35      fgets(a,80,rf);
36      p=strchr(a,'\n');
37      if(p)
38        * p=0;
39      chg(a);
40      fprintf(wf,"%s\n",a);
41    }
42    fclose(rf);
43    fclose(wf);
44  }
```

第62套　上机考试试题

函数ReadDat()的功能是实现从文件ENG.IN中读取一篇英文文章，并存入到字符串数组xx中。请编制函数encryptChar()，按给定的替代关系对数组xx中所有字符进行替代，最终替代的结果仍存入数组xx的对应的位置上，最后调用函数WriteDat()把结果xx输出到文件PS.DAT中。

替代关系：f(p)=p*11 mod 256(p是数组xx中某一个字符的ASCII值，f(p)是计算后新字符的ASCII值)，如果原字符是大写字母或计算后f(p)的值小于等于32，则该字符不变，否则将f(p)所对应的字符进行替代。

注意：部分源程序存放在PROG1.C中，原始数据文件的存放格式是：每行的宽度均小于80个字符。请勿改动主函数main()、读函数ReadDat()和写函数WriteDat()的内容。

【试题程序】

```
1   #include <stdlib.h>
2   #include <stdio.h>
3   #include <string.h>
4   #include <ctype.h>
5   unsigned char xx[50][80];
6   int maxline=0;
7   int ReadDat(void);
8   void WriteDat(void);
9   void encryChar()
10  {
11
12  }
13  void main()
14  {
15    system("CLS");
16    if(ReadDat())
17    {
18        printf("数据文件ENG.IN不能打开!
              \n\007");
19      return;
20    }
21    encryChar();
22    WriteDat();
23  }
24  int ReadDat(void)
25  {
26    FILE * fp;
27    int i=0;
28    unsigned char * p;
29    if ((fp = fopen("ENG.IN","r")) ==
        NULL)
30      return 1;
31    while(fgets(xx[i],80,fp)!=NULL)
32    {
33      p=strchr(xx[i],'\n');
34      if(p)
35          * p=0;
36      i++;
37    }
38    maxline=i;
39    fclose(fp);
40    return 0;
41  }
42  void WriteDat()
43  {
44    FILE * fp;
45    int i;
46    fp=fopen("ps.dat","w");
47    for(i=0;i<maxline;i++)
48    { printf("%s\n",xx[i]);
49      fprintf(fp,"%s\n",xx[i]);
50    }
51    fclose(fp);
52  }
```

第63套 上机考试试题

函数ReadDat()的功能是实现从文件IN.DAT中读取一篇英文文章,并存入到字符串数组xx中。请编制函数CharConvA(),该函数的功能是:以行为单位把字符串的倒数第一个字符ASCII值右移4位后加最后第二个字符的ASCII值,得到最后一个新的字符,倒数第二个字符的ASCII值右移4位后加倒数第三个字符的ASCII值,得到倒数第二个新的字符,以此类推一直处理到第二个字符,第一个字符的ASCII值加最后一个字符的ASCII值,得到第一个新的字符,得到的新字符分别存放在原字符串对应的位置上,把已处理的字符串仍按行重新存入字符串数组xx中,最后调用函数WriteDat()把结果xx输出到文件OUT.DAT中。

注意:部分源程序存放在PROG1.C中,原始文件存放的格式是:每行的宽度小于80个字符,含标点符号和空格。请勿改动主函数main()、读函数ReadDat()和写函数WriteDat()的内容。

【试题程序】

```
1  #include <stdio.h>
2  #include <string.h>
3  #include <stdlib.h>
4  char xx[50][80];
5  int maxline =0;
6  int ReadDat();
7  void WriteDat();
8
9  void CharConvA(void)
10 {
11
12 }
13
14 void main()
15 {
16     system("CLS");
17     if (ReadDat())
18     {
19         printf("数据文件IN.DAT不能打开!\n
               \007");
20         return;
21     }
22     CharConvA();
23     WriteDat();
24 }
25
26 int ReadDat(void)
27 {   FILE * fp;
28     int i =0;
29     char * p;
30     if((fp=fopen("IN.DAT","r"))==NULL)
31         return 1;
32     while (fgets(xx[i],80,fp)! =NULL)
33     {
34         p=strchr(xx[i],'\n');
35         if (p)
36             * p=0;
37         i ++;
38     }
39     maxline=i;
40     fclose(fp);
41     return 0;
42 }
43
44 void WriteDat()
45 {
46     FILE * fp;
47     int i;
48     system("CLS");
49     fp=fopen("OUT.DAT","w");
50     for(i =0;i <maxline;i ++)
51     {
52         printf("%s\n",xx[i]);
53         fprintf(fp,"%s\n",xx[i]);
54     }
55     fclose(fp);
56 }
57
```

第64套 上机考试试题

读函数readDat()的功能是从文件IN.DAT中读取20行数据,并存放到字符串数组xx中(每行字符串长度均小于80)。请编制函数jsSort(),该函数的功能是:以行为单位对字符串按下面给定的条件进行排序,排序后的结果仍按行重新存入字符串数组xx中,最后调用写函数writeDat()把结果xx输出到文件OUT.DAT中。

条件:从字符串中间一分为二,左边部分按字符的ASCII值升序排序,排序后,左边部分与右边部分按例子所示进行交换。如果原字符串长度为奇数,则最中间的字符不参加处理,字符仍放在原位置上。

例如: 位置 0 1 2 3 4 5 6 7 8

原字符串 d c b a h g f e

4 3 2 1 9 8 7 6

处理后的字符串　h　g　f　e　a　b　c　d
　　　　　　　　9　8　7　6　1　2　3　4

注意：部分源程序存放在 PROG1.C 中。请勿改动主函数 main()、读函数 readDat() 和写函数 writeDat() 的内容。

【试题程序】

```
1  #include <stdio.h>
2  #include <string.h>
3  #include <stdlib.h>
4  char xx[20][80];
5  void readDat();
6  void writeDat();
7
8  void jsSort()
9  {
10
11 }
12
13 void main()
14 {
15     readDat();
16     jsSort();
17     writeDat();
18 }
19
20 void readDat()
21 {
22     FILE * in;
23     int i =0;
24     char * p;
25     in =fopen("IN.DAT", "r");
26 while (i <20 && fgets(xx[i], 80, in)
       ! =NULL)
27 {
28     p =strchr(xx[i],'\n');
29     if(p)
30         * p =0;
31     i ++;
32 }
33 fclose(in);
34 }
35
36 void writeDat()
37 {
38     FILE * out;
39     int i;
40     system("CLS");
41     out =fopen("OUT.DAT", "w");
42     for(i =0; i <20; i ++)
43     {
44         printf("%s\n", xx[i]);
45         fprintf(out, "%s\n", xx[i]);
46     }
47     fclose(out);
48 }
```

第65套　上机考试试题

对10个候选人进行选举，现有一个100条记录的选票文件 IN.DAT，其数据存放格式是每条记录的长度均为10位，第一位表示第一个人的选中情况，第二位表示第二个人的选中情况，依次类推。每一位候选人的记录内容均为字符0或1，1表示此人被选中，0表示此人未被选中，若一张选票选中人数大于5个人时被认为是无效的选票。给定函数 ReadDat() 的功能是把选票数据读入到字符串数组 xx 中。请编制函数 CoutRs() 来统计每个人的选票数并把得票数依次存入 yy[0] 到 yy[9] 中，最后调用函数 WriteDat() 把结果 yy 输出到文件 OUT.DAT 中。

注意：部分源程序存放在 PROG1.C 中。请勿改动主函数 main()、读函数 ReadDat() 和写函数 WriteDat() 的内容。

【试题程序】

```
1  #include <memory.h>
2  #include <stdio.h>
3  char xx[100][11];
4  int yy[10];
5  int ReadDat(void);
6  void WriteDat(void);
7
8  void CoutRs(void)
9  {
10
11 }
12 void main()
13 {
14     int i;
15     for(i =0;i <10;i ++)
16         yy[i] =0;
17     if(ReadDat())
18     {
19         printf ("数据文件 IN.DAT 不能打开!
                \n\007");
```

```
20          return;
21      }
22      CoutRs();
23      WriteDat();
24  }
25  int ReadDat(void)
26  {
27      FILE * fp;
28      int i;
29      char tt[13];
30      if((fp=fopen("IN.DAT","r"))==NULL)
31          return 1;
32      for(i=0;i<100;i++)
33      {
34          if(fgets(tt,13,fp)==NULL)
35              return 1;
36          memcpy(xx[i],tt,10);
37          xx[i][10]=0;
37      }
38      fclose(fp);
39      return 0;
40  }
41
42  void WriteDat()
43  {
44      FILE * fp;
45      int i;
46      fp=fopen("OUT.DAT","w");
47      for(i=0;i<10;i++)     {
48          fprintf(fp,"%d\n",yy[i]);
49          printf("第%d 个人的选票数=%d\n",i
                +1,yy[i]);
50      }
51      fclose(fp);
52  }
```

第66套　上机考试试题

已知文件IN.DAT中存有100个产品销售记录，每个产品销售记录由产品代码dm(字符型4位)、产品名称mc(字符型10位)、单价dj(整型)、数量sl(整型)、金额je(长整型)几部分组成。其中:金额=单价×数量。函数ReadDat()的功能是读取这100个销售记录并存入到结构数组sell中。请编制函数SortDat(),其功能要求:按产品名称从大到小进行排列,若产品名称相同,则按金额从小到大进行排列,最终排列结果仍存入结构数组sell中,最后调用函数WriteDat()把结果输出到文件OUT.DAT中。

注意:部分源程序存放在PROG1.C中。请勿改动主函数main()、读函数ReadDat()和写函数WriteDat()的内容。

【试题程序】

```
1   #include <stdio.h>
2   #include <memory.h>
3   #include <string.h>
4   #include <stdlib.h>
5   #define MAX 100
6   typedef struct
7   {
8       char dm[5];   /* 产品代码 */
9       char mc[11];  /* 产品名称 */
10      int dj;  /* 单价 */
11      int sl;  /* 数量 */
12      long je;  /* 金额 */
13  } PRO;
14  PRO sell[MAX];
15  void ReadDat();
16  void WriteDat();
17  void SortDat()
18  {
19
20  }
21  void main()
22  {
23      memset(sell, 0, sizeof(sell));
24      ReadDat();
25      SortDat();
26      WriteDat();
27  }
28
29  void ReadDat()
30  {
31      FILE * fp;
32      char str[80], ch[11];
33      int i;
34      fp =fopen("IN.DAT", "r");
35      for(i=0; i<100; i++)
36      {
37          fgets(str, 80, fp);
38          memcpy(sell[i].dm, str, 4);
39          memcpy(sell[i].mc, str+4, 10);
40          memcpy(ch, str+14, 4);
```

```
41          ch[4] =0;
42          sell[i].dj =atoi(ch);
43          memcpy(ch, str+18, 5);
44          ch[5] =0;
45          sell[i].sl =atoi(ch);
46          sell[i].je =(long)sell[i].dj *
47          sell[i].sl;
48      }
49      fclose(fp);
50  }
51  void WriteDat()
52  {
53      FILE * fp;
54      int i;
55      fp =fopen("OUT.DAT", "w");
56      for(i =0; i <100; i++)
57      {
58          fprintf(fp, "%s %s %4d %5d %10ld\n",
            sell[i].dm, sell[i].mc, sell[i].dj,
            sell[i].sl, sell[i].je);
59      }
60      fclose(fp);
61  }
```

第67套　上机考试试题

已知数据文件IN1.DAT和IN2.DAT中分别存有100个2位十进制数,并且已调用读函数readDat()把这两个文件中的数存入到数组a和b中,请考生编制一个函数jsVal(),实现的功能是依次对数据组a和b中的数按条件重新组成一个新数并依次存入数组c中,再对数组c中的数按从小到大的顺序进行排序,最后调用写函数writeDat()把结果c输出到文件OUT.DAT中。

组成新数的条件:如果数组a和b中相同下标位置的数均是奇数,则数组a中十位数字为新数的千位数字,个位数字仍为新数的个位数字,数组b中的十位数字为新的百位数字,个位数字为新的十位数字,这样组成的新数并存入数组c中。

例如,a:12　31　24　15　21　15

b:32　45　17　27　18　15

c:3451　1275　1155

排序后c:1155　1275　3451

注意:部分源程序存在文件PROG1.C文件中,程序中已定义a[100]、b[100]和c[100]。请勿改动数据文件IN1.DAT和IN2.DAT中的任何数据、主函数main()、读函数readDat()和写函数writeDat()的内容。

【试题程序】

```
1   #include <stdio.h>
2   #define MAX 100
3   int a[MAX], b[MAX], c[MAX] ;
4   int cnt =0; /* 存放符合条件数的个数 */
5
6   void jsVal()
7   {
8
9   }
10
11  void readDat()
12  {
13      int i ;
14      FILE * fp ;
15      fp =fopen("IN1.DAT", "r") ;
16      for(i =0 ; i <MAX ; i++)
17          fscanf(fp, "%d", &a[i]) ;
18      fclose(fp) ;
19      fp =fopen("IN2.DAT", "r") ;
20      for(i =0 ; i <MAX ; i++) fscanf(fp,
    "%d", &b[i]) ;
21      fclose(fp) ;
22  }
23
24  void main()
25  {
26      int i ; void writeDat();
27      for(i =0 ; i <MAX ; i++)
28          c[i] =0 ;
29      readDat() ;
30      jsVal() ;
31      for(i =0 ; i <MAX; i++)
32          if (c[i] > 0)
33              printf("%d\n", c[i]) ;
34      writeDat() ;
35  }
36
37  void writeDat()
38
39  {
40      FILE * fp ;
41      int i ;
42      fp =fopen("OUT.DAT", "w") ;
43      for(i =0 ; i <MAX; i++)
44          if (c[i] > 0)
45              fprintf(fp, "%d\n", c[i]) ;
46      fclose(fp) ;
47  }
```

第68套 上机考试试题

已知数据文件IN.DAT中存有200个4位数,并已调用读函数readDat()把这些数存入到数组a中。请编制一个函数jsVal(),其功能是:把千位数字和十位数字重新组合成一个新的2位数ab(新2位数的十位数字是原4位数的千位数字,新2位数的个位数字是原4位数的十位数字),以及把个位数和百位数组成另一个新的2位数cd(新2位数的十位数字是原4位数的个位数字,新2位数的个位数字是原4位数的百位数字),如果新组成的两个2位数ab<cd,ab必须是奇数且不能被5整除,cd必须是偶数,同时两个新十位数字均不为0,则将满足此条件的4位数按从大到小的顺序存入数组b中,并要计算满足上述条件的4位数的个数cnt,最后调用写函数writeDat()把结果cnt及数组b中符合条件的4位数输出到OUT.DAT文件中。

注意:部分源程序存放在PROG1.C中。程序中已定义数组:a[200],b[200],已定义变量:cnt。请勿改动主函数main()、读函数readDat()和写函数writeDat()的内容。

【试题程序】

```
1  #include <stdio.h>
2  #define MAX 200
3  int a[MAX],b[MAX],cnt=0;
4  void writeDat();
5
6  void jsVal()
7  {
8
9  }
10
11 void readDat()
12 {
13     int i;
14     FILE * fp;
15     fp=fopen("IN.DAT","r");
16     for(i=0;i<MAX;i++)
17         fscanf(fp,"%d",&a[i]);
18     fclose(fp);
19 }
20
21 void main()
22 {
23     int i;
24     readDat();
25     jsVal();
26     printf("满足条件的数=%d\n",cnt);
27     for(i=0;i<cnt;i++)
28         printf("%d\n",b[i]);
29     printf("\n");
30     writeDat();
31 }
32
33 void writeDat()
34 {
35     FILE * fp;
36     int i;
37     fp=fopen("OUT.DAT","w");
38     fprintf(fp,"%d\n",cnt);
39     for(i=0;i<cnt;i++)
40         fprintf(fp, "%d\n",b[i]);
41     fclose(fp);
42 }
```

第69套 上机考试试题

函数ReadDat()的功能是实现从文件ENG.IN中读取一篇英文文章,并存入到字符串数组xx中。请编制函数encryChar(),按给定的替代关系对数组xx中所有字符进行替代,最终替代的结果仍存入数组xx的对应的位置上,最后调用函数WriteDat()把结果xx输出到文件ps.dat中。

替代关系:f(p)=p*11 mod 256(p是数组xx中某一个字符的ASCII值,f(p)是计算后新字符的ASCII值),如果计算后f(p)的值小于等于32或其ASCII值是奇数,则该字符不变,否则将f(p)所对应的字符进行替代。

注意:部分源程序存放在PROG1.C中,原始数据文件的存放格式是每行的宽度均小于80个字符。请勿改动主函数main()、读函数ReadDat()和写函数WriteDat()的内容。

【试题程序】

```
1  #include <stdlib.h>
2  #include <stdio.h>
3  #include <string.h>
4  #include <ctype.h>
5  unsigned char xx[50][80];
6  int maxline=0;
7  int ReadDat(void);
8  void WriteDat(void);
9
10 void encryChar()
11 {
12
```

```
13  }
14
15  void main()
16  {
17      system("CLS");
18      if(ReadDat())
19      {
20          printf("数据文件 ENG.IN 不能打开!
                \n\007");
21          return;
22      }
23      encryChar();
24      WriteDat();
25  }
26
27  int ReadDat(void)
28  {
29      FILE * fp;
30      int i=0;
31      unsigned char * p;
32      if((fp=fopen("ENG.IN","r"))==NULL)
33          return 1;
34      while(fgets(xx[i],80,fp)! =NULL)
35      {
36          p=strchr(xx[i],'\n');
37          if(p)
38              * p=0;
39          i++;
40      }
41      maxline=i;
42      fclose(fp);
43      return 0;
44  }
45
46  void WriteDat()
47  {
48      FILE * fp;
49      int i;
50      fp=fopen("ps.dat","w");
51      for(i=0;i<maxline;i++)
52      {
53          printf("%s\n",xx[i]);
54          fprintf(fp,"%s\n",xx[i]);
55      }
56      fclose(fp);
57  }
```

第70套　上机考试试题

已知数据文件 IN. DAT 中存有200个4位数,并已调用读函数 readDat()把这些数存入到数组 a 中。请编制函数 jsVal(),其功能是:依次从数组 a 中取出一个4位数,如果4位数连续大于该4位数以前的5个数且该数是奇数(该4位数以前不满5个数,则不统计),该数必须能被7整除,则统计出满足此条件的数的个数 cnt,并把这些4位数按从大到小的顺序存入数组 b 中,最后调用写函数 writeDat()把结果 cnt 及数组 b 中符合条件的4位数输出到 OUT. DAT 文件中。

注意:部分源程序存放在 PROG1. C 中。程序中已定义数组:a[200],b[200],已定义变量:cnt。请勿改动主函数 main()、读函数 readDat()和写函数 writeDat()的内容。

【试题程序】

```
1   #include <stdio.h>
2   #define MAX 200
3   int a[MAX], b[MAX], cnt =0;
4   void writeDat();
5
6   void jsVal()
7   {
8
9   }
10
11  void readDat()
12  {
13      int i;
14      FILE * fp;
15      fp =fopen("IN.DAT", "r");
16      for(i =0; i <MAX; i ++)
17          fscanf(fp, "%d", &a[i]);
18      fclose(fp);
19  }
20
21  void main()
22  {
23      int i;
24      readDat();
25      jsVal();
26      printf("满足条件的数 =%d\n", cnt);
27      for(i =0; i <cnt; i ++)
28          printf("%d ", b[i]);
29      printf("\n");
30      writeDat();
31  }
32  void writeDat()
```

```
33  {
34      FILE * fp;
35      int i;
36      fp = fopen("OUT.DAT", "w");
37      fprintf(fp, "%d\n", cnt);
38      for(i = 0; i < cnt; i ++)
39          fprintf(fp, "%d\n", b[i]);
40      fclose(fp);
41  }
42
```

第71套 上机考试试题

已知数据文件IN.DAT中存有200个4位数,并已调用读函数readDat()把这些数存入到数组a中。请编制一个函数jsVal(),其功能是:如果4位数各位上的数字均是0、2、4、6或8,则统计出满足此条件的数的个数cnt,并把这些4位数按从大到小的顺序存入数组b中,最后调用写函数writeDat()把结果cnt及数组b中符合条件的4位数输出到OUT.DAT文件中。

注意:部分源程序存放在PROG1.C中,程序中已定义数组:a[200],b[200],已定义变量:cnt。请勿改动主函数main()、读函数readDat()和写函数writeDat()的内容。

【试题程序】

```
1   #include <stdio.h>
2   #define MAX 200
3   int a[MAX], b[MAX], cnt = 0;
4   void writeDat();
5
6   void jsVal()
7   {
8
9   }
10
11  void readDat()
12  {
13      int i;
14      FILE * fp;
15      fp = fopen("IN.DAT", "r");
16      for(i = 0; i < MAX; i ++)
17          fscanf(fp, "%d", &a[i]);
18      fclose(fp);
19  }
20
21  void main()
22  {
23      int i;
24      readDat();
25      jsVal();
26      printf("满足条件的数 =%d\n", cnt);
        for(i = 0; i < cnt; i ++)
27          printf("%d ", b[i]);
28      printf("\n");
29      writeDat();
30  }
31  void writeDat()
32  {
33      FILE * fp;
34      int i;
35      fp = fopen("OUT.DAT", "w");
36      fprintf(fp, "%d\n", cnt);
37      for(i = 0; i < cnt; i ++)
38          fprintf(fp, "%d\n", b[i]);
39      fclose(fp);
40  }
```

第72套 上机考试试题

已知数据文件IN.DAT中存有300个4位数,并已调用读函数readDat()把这些数存入到数组a中。请编制一个函数jsValue(),其功能是:求出个位数上的数减千位数上数减百位数上的数减十位数上的数大于0的个数cnt,再把所有满足此条件的4位数依次存入数组b中,然后对数组b的4位数按从大到小的顺序进行排序,最后调用函数writeDat()把数组b中的数输出到OUT.DAT文件中。

例如:1239,9-1-2-3>0,该数满足条件,存入数组b中,且个数cnt=cnt+1。

8129,9-8-1-2<0,该数不满足条件,忽略。

注意:部分源程序存放在PROG1.C中,程序中已定义数组:a[300],b[300],已定义变量:cnt。请勿改动主函数main()、读函数readDat()和写函数writeDat()的内容。

【试题程序】

```
1  #include <stdio.h>
2  int a[300],b[300],cnt=0;
3  void readDat();
4  void writeDat();
5  void jsValue()
6  {
7  }
8  void main()
9  {
10     int i;
11     readDat();
12     jsValue();
13     writeDat();
14     printf("cnt=%d\n",cnt);
15     for(i=0;i<cnt;i++)
16         printf("b[%d]=%d\n",i,b[i]);
17 }
18 void readDat()
19 {
20     FILE * fp;
21     int i;
22     fp=fopen("IN.DAT","r");
23     for(i=0;i<300;i++)
24         fscanf(fp,"%d,",&a[i]);
25     fclose(fp);
26 }
27 void writeDat()
28 {
29     FILE * fp;
30     int i;
31     fp=fopen("OUT.DAT","w");
32     fprintf(fp,"%d\n",cnt);
33     for(i=0;i<cnt;i++)
34         fprintf(fp, "%d\n",b[i]);
35     fclose(fp);
36 }
```

第73套　上机考试试题

已知数据文件IN.DAT中存有200个4位数,并已调用读函数readDat()把这些数存入到数组a中,请编制一个函数jsVal(),其功能是:把一个4位数的千位数上的值减百位数上的值再减十位数上的值最后减个位数上的值,如果得出的值大于等于0且此4位数是奇数,则统计出满足此条件的数的个数cnt并把这些4位数存入数组b中,然后对数组b的4位数按从小到大的顺序进行排序,最后调用函数writeDat()把结果cnt及数组b中的符合条件的4位数输出到OUT.DAT文件中。

注意:部分源程序存放在PROG1.C中,程序中已定义数组:a[200],b[200],已定义变量:cnt。请勿改动主函数main()、读函数readDat()和写函数writeDat()的内容。

【试题程序】

```
1  #include <stdio.h>
2  #define MAX 200
3  int a[MAX],b[MAX],cnt=0;
4  void writeDat();
5  void jsVal()
6  {
7  }
8  void readDat()
9  {
10     int i;
11     FILE * fp;
12     fp=fopen("IN.DAT","r");
13     for(i=0;i<MAX;i++)
14     fscanf(fp,"%d",&a[i]);
15     fclose(fp);
16 }
17 void main()
18 {
19     int i;
20     readDat();
21     jsVal();
22     printf("满足条件的数=%d\n",cnt);
23     for(i=0;i<cnt;i++)
24         printf("%dn ",b[i]);
25     printf("\n");
26     writeDat();
27 }
28 void writeDat()
29 {
30     FILE * fp;
31     int i;
32     fp=fopen("OUT.DAT","w");
33     fprintf(fp,"%d\n",cnt);
34     for(i=0;i<cnt;i++)
35         fprintf(fp,"%d\n",b[i]);
36     fclose(fp);
37 }
```

第74套　上机考试试题

函数 ReadDat() 的功能是实现从文件 IN. DAT 中读取一篇英文文章并存入到字符串数组 xx 中。请编制函数 StrCharJR()，该函数的功能是：以行为单位把字符串中的所有字符的 ASCII 值右移 4 位，然后把右移后的字符的 ASCII 值再加上原字符的 ASCII 值，得到新的字符，并存入原字符串对应的位置上。最后把已处理的字符串按行重新存入字符串数组 xx 中，并调用函数 WriteDat() 把结果 xx 输出到文件 OUT. DAT 中。

注意：部分源程序存放在 PROG1. C 中，原始数据文件存放的格式是：每行的宽度均小于 80 个字符，含标点符号和空格。请勿改动主函数 main()、读函数 ReadDat() 和写函数 WriteDat() 的内容。

【试题程序】

```
1   #include <stdio.h>
2   #include <string.h>
3   #include <stdlib.h>
4   char xx[50][80];
5   int maxline =0;  /* 文章的总行数 */
6   int ReadDat(void);
7   void WriteDat(void);
8
9   void StrCharJR(void)
10  {
11
12  }
13
14  void main()
15  {
16      system("CLS");
17      if(ReadDat())
18      {
19          printf("数据文件 IN.DAT 不能打开!
                \n\007");
20          return;
21      }
22      StrCharJR();
23      WriteDat();
24  }
25  int ReadDat(void)
26  {
27      FILE * fp;
28      int i =0;
29      char * p;
30      if ((fp = fopen("IN.DAT","r")) ==
          NULL)
31          return 1;
32      while(fgets(xx[i], 80, fp) !=NULL)
33      {
34          p =strchr(xx[i], '\n');
35          if(p)
36              * p =0;
37          i++;
38      }
39      maxline =i;
40      fclose(fp);
41      return 0;
42  }
43
44  void WriteDat(void)
45  {
46      FILE * fp;
47      int i;
48      system("CLS");
49      fp =fopen("OUT.DAT", "w");
50      for(i =0; i <maxline; i++)
51      {
52          printf("%s\n", xx[i]);
53          fprintf(fp, "%s\n", xx[i]);
54      }
55      fclose(fp);
56  }
```

第75套　上机考试试题

已知数据文件 IN. DAT 中存有 200 个 4 位数，并已调用读函数 readDat() 把这些数存入到数组 a 中。请编制一函数 jsVal()，其功能是：如果一个 4 位数的千位数字上的值大于等于百位数字上的值，百位数字上的值大于等于十位数字上的值，以及十位数字上的值大于等于个位数字上的值，并且此 4 位数是奇数，则统计出满足此条件的数的个数 cnt 并把这些 4 位数按从小到大的顺序存入数组 b 中，最后调用写函数 writeDat() 把结果 cnt 及数组 b 中符合条件的 4 位数输出到 OUT. DAT 文件中。

注意：部分源程序存放在 PROG1. C 中，程序中已定义数组：a[200]，b[200]，已定义变量：cnt。请勿改动主函数 main()、读函数 readDat() 和写函数 writeDat() 的内容。

【试题程序】

```c
1   #include <stdio.h>
2   #define MAX 200
3   int a[MAX],b[MAX],cnt=0;
4   void writeDat();
5
6   void jsVal()
7   {
8
9   }
10
11  void readDat()
12  {
13      int i;
14      FILE * fp;
15      fp=fopen("IN.DAT","r");
16      for(i=0;i<MAX;i++)
17          fscanf(fp,"%d",&a[i]);
18      fclose(fp);
19  }
20
21  void main()
22  {
23      int i;
24      readDat();
25      jsVal();
26      printf("满足条件的数=%d\n",cnt);
27      for(i=0;i<cnt;i++)
28          printf("%d ",b[i]);
29      printf("\n");
30      writeDat();
31  }
32
33  void writeDat()
34  {
35      FILE * fp;
36      int i;
37      fp=fopen("OUT.DAT","w");
38      fprintf(fp,"%d\n",cnt);
39      for(i=0;i<cnt;i++)
40          fprintf(fp, "%d\n",b[i]);
41      fclose(fp);
42  }
```

第76套　上机考试试题

已知在文件IN.DAT中存有100个产品销售记录，每个产品销售记录由产品代码dm(字符型4位)、产品名称mc(字符型10位)、单价dj(整型)、数量sl(整型)、金额je(长整型)几部分组成。其中，金额=单价×数量。函数ReadDat()的功能是读取这100个销售记录并存入数组sell中。请编制函数SortDat()，其功能要求：按金额从大到小的顺序进行排列，若金额相同，则按产品名称从小到大的顺序进行排列，最终排列的结果仍存入结构数组sell中，最后调用函数WriteDat()把结果输出到文件OUT.DAT中。

注意：部分源程序存放在PROG1.C中。请勿改动主函数main()、读函数ReadDat()和写函数WriteDat()的内容。

【试题程序】

```c
1   #include <stdio.h>
2   #include <memory.h>
3   #include <string.h>
4   #include <stdlib.h>
5   #define MAX 100
6   typedef struct
7   {
8       char dm[5];
9       char mc[11];
10      int dj;
11      int sl;
12      long je;
13  } PRO;
14  PRO sell[MAX];
15  void ReadDat();
16  void WriteDat();
17
18  void SortDat()
19  {
20
21  }
22
23  void main()
24  {
25      memset(sell,0,sizeof(sell));
26      ReadDat();
27      SortDat();
28      WriteDat();
29  }
30
31  void ReadDat()
32  {
33      FILE * fp;
34      char str[80],ch[11];
35      int i;
36      fp=fopen("IN.DAT","r");
37      for(i=0;i<100;i++)
38      {
```

```
39        fgets(str,80,fp);
40        memcpy(sell[i].dm,str,4);
41        memcpy(sell[i].mc,str+4,10);
42        memcpy(ch,str+14, 4);
43        ch[4]=0;
44        sell[i].dj=atoi(ch);
45        memcpy(ch,str+18,5);
46        ch[5]=0;
47        sell[i].sl=atoi(ch);
48        sell[i].je=(long)sell[i].dj*sell[i].sl;
49      }
50      fclose(fp);
51  }
52
53  void WriteDat()
54  {
55      FILE * fp;
56      int i;
57      fp=fopen("OUT.DAT","w");
58      for(i=0;i<100;i++)
59      {
60          fprintf(fp,"%s %s %4d %5d %10ld\n",sell
                [i].dm, sell[i].mc,sell[i].dj,
                sell[i].sl,sell[i].je);
61      }
62      fclose(fp);
63  }
```

第77套　上机考试试题

已知在文件IN.DAT中存有100个产品销售记录，每个产品销售记录由产品代码dm(字符型4位)、产品名称mc(字符型10位)、单价dj(整型)、数量sl(整型)、金额je(长整型)几部分组成。其中，金额=单价×数量。函数ReadDat()的功能是读取这100个销售记录并存入数组sell中。请编制函数SortDat()，其功能要求：按产品代码从大到小的顺序进行排列，若产品代码相同，则按金额从大到小的顺序进行排列，最终排列的结果仍存入结构数组sell中，最后调用函数WriteDat()把结果输出到文件OUT.DAT中。

注意：部分源程序存放在PROG1.C中。请勿改动主函数main()、读函数ReadDat()和写函数WriteDat()的内容。

【试题程序】

```
1   #include <stdio.h>
2   #include <memory.h>
3   #include <string.h>
4   #include <stdlib.h>
5   #define MAX 100
6   typedef struct
7   {
8       char dm[5];
9       char mc[11];
10      int dj;
11      int sl;
12      long je;
13  } PRO;
14  PRO sell[MAX];
15  void ReadDat();
16  void WriteDat();
17
18  void SortDat()
19  {
20
21  }
22  void main()
23  {
24      memset(sell,0,sizeof(sell));
25      ReadDat();
26      SortDat();
27      WriteDat();
28  }
29
30  void ReadDat()
31  {
32      FILE * fp;
33      char str[80],ch[11];
34      int i;
35      fp=fopen("IN.DAT","r");
36      for(i=0;i<100;i++)
37      {
38          fgets(str,80,fp);
39          memcpy(sell[i].dm,str,4);
40          memcpy(sell[i].mc,str+4,10);
41          memcpy(ch,str+14,4);
42          ch[4]=0;
43          sell[i].dj=atoi(ch);
44          memcpy(ch,str+18,5);
45          ch[5]=0;
46          sell[i].sl=atoi(ch);
47          sell[i].je=(long)sell[i].dj*
            sell[i].sl;
48      }
49      fclose(fp);
```

```
50  }
51
52  void WriteDat()
53  {
54      FILE * fp;
55      int i;
56      fp = fopen("OUT.DAT","w");
57      for(i = 0;i < 100;i ++)
58      {
59          fprintf(fp,"%s %s %4d %5d %10ld
                \n",sell[i].dm,sell[i].mc,
                sell[i].dj,sell[i].sl,
                sell[i].je);
60      }
61      fclose(fp);
62  }
```

第78套　上机考试试题

已知在文件IN.DAT中存有100个产品销售记录,每个产品销售记录由产品代码dm(字符型4位)、产品名称mc(字符型10位)、单价dj(整型)、数量sl(整型)、金额je(长整型)几部分组成。其中,金额=单价×数量。函数ReadDat()的功能是读取这100个销售记录并存入数组sell中。请编制函数SortDat(),其功能要求:按产品名称从小到大的顺序进行排列,若产品名称相同,则按金额从大到小的顺序进行排列,最终排列的结果仍存入结构数组sell中,最后调用函数WriteDat()把结果输出到文件OUT.DAT中。

注意:部分源程序存放在PROG1.C中。请勿改动主函数main()、读函数ReadDat()和写函数WriteDat()的内容。

【试题程序】

```
1   #include <stdio.h>
2   #include <memory.h>
3   #include <string.h>
4   #include <stdlib.h>
5   #define MAX 100
6   typedef struct
7   {
8       char dm[5];
9       char mc[11];
10      int dj;
11      int sl;
12      long je;
13  } PRO;
14  PRO sell[MAX];
15  void ReadDat();
16  void WriteDat();
17  void SortDat()
18  {
19  }
20  void main()
21  {
22      memset(sell,0,sizeof(sell));
23      ReadDat();
24      SortDat();
25      WriteDat();
26  }
27  void ReadDat()
28  {
29      FILE * fp;
30      char str[80],ch[11];
31      int i;
32      fp = fopen("IN.DAT","r");
33      for(i = 0;i < 100;i ++)
34      {
35          fgets(str,80,fp);
36          memcpy(sell[i].dm,str,4);
37          memcpy(sell[i].mc,str +4,10);
38          memcpy(ch,str +14, 4);
39          ch[4] =0;
40          sell[i].dj = atoi(ch);
41          memcpy(ch,str +18,5);
42          ch[5] =0;
43          sell[i].sl = atoi(ch);
44          sell[i].je=(long)sell[i].dj*sell[i].sl;
45      }
46      fclose(fp);
47  }
48  void WriteDat()
49  {
50      FILE * fp;
51      int i;
52      fp = fopen("OUT.DAT","w");
53      for(i = 0;i < 100;i ++)
54      {
55          fprintf(fp,"%s %s %4d %5d %10ld\n",
                sell[i].dm, sell[i].mc,
                sell[i].dj, sell [i].sl,
                sell[i].je);
56      }
57      fclose(fp);
58  }
```

第79套　上机考试试题

已知在文件IN.DAT中存有100个产品销售记录,每个产品销售记录由产品代码dm(字符型4位)、产品名称mc(字符型10位)、单价dj(整型)、数量sl(整型)、金额je(长整型)几部分组成。其中,金额=单价×数量。函数ReadDat()的功能是读取这100个销售记录并存入数组sell中。请编制函数SortDat(),其功能要求:按金额从小到大的顺序进行排列,若金额相同,则按产品代码从大到小的顺序进行排列,最终排列的结果仍存入结构数组sell中,最后调用函数WriteDat()把结果输出到文件OUT.DAT中。

注意:部分源程序存放在PROG1.C中。请勿改动主函数main()、读函数ReadDat()和写函数WriteDat()的内容。

【试题程序】

```
1   #include <stdio.h>
2   #include <memory.h>
3   #include <string.h>
4   #include <stdlib.h>
5   #define MAX 100
6   typedef struct
7   {
8       char dm[5];
9       char mc[11];
10      int dj;
11      int sl;
12      long je;
13  }PRO;
14  PRO sell[MAX];
15  void ReadDat();
16  void WriteDat();
17
18  void SortDat()
19  {
20
21  }
22
23  void main()
24  {
25      memset(sell,0,sizeof(sell));
26      ReadDat();
27      SortDat();
28      WriteDat();
29  }
30
31  void ReadDat()
32  {
33      FILE * fp;
34      char str[80],ch[11];
35      int i;
36      fp = fopen("IN.DAT","r");
37      for(i = 0;i < 100;i ++)
38      {
39          fgets(str,80,fp);
40          memcpy(sell[i].dm,str,4);
41          memcpy(sell[i].mc,str + 4,10);
42          memcpy(ch,str + 14, 4);
43          ch[4] = 0;
44          sell[i].dj = atoi(ch);
45          memcpy(ch,str + 18,5);
46          ch[5] = 0;
47          sell[i].sl = atoi(ch);
48          sell[i].je=(long)sell[i].dj*sell[i].sl;
49      }
50      fclose(fp);
51  }
52
53  void WriteDat()
54  {
55      FILE * fp;
56      int i;
57      fp = fopen("OUT.DAT","w");
58      for(i = 0;i < 100;i ++)
59      {
60          fprintf(fp,"%s %s %4d %5d %10ld\n",
                    sell[i].dm, sell[i].mc,
                    sell[i].dj, sell[i].sl,
                    sell[i].je);
61      }
62      fclose(fp);
63  }
```

第80套　上机考试试题

已知在文件IN.DAT中存有100个产品销售记录,每个产品销售记录由产品代码dm(字符型4位)、产品名称mc(字符型10位)、单价dj(整型)、数量sl(整型)、金额je(长整型)几部分组成。其中,金额=单价×数量。函数ReadDat()的功能是读取这100个销售记录并存入数组sell中。请编制函数SortDat(),其功能要求:按金额从小到大的顺序进行排列,若金额相同,则按产品代码从小到大的顺序进行排列，最终排列的结果仍存入结构数组 sell 中，最后调用函数 WriteDat( )把结果输出到文件 OUT. DAT 中。

注意：部分源程序存放在 PROG1. C 中。请勿改动主函数 main( )、读函数 ReadDat( )和写函数 WriteDat( )的内容。

【试题程序】

```
1  #include <stdio.h>
2  #include <memory.h>
3  #include <string.h>
4  #include <stdlib.h>
5  #define MAX 100
6  typedef struct
7  {
8      char dm[5];
9      char mc[11];
10     int dj;
11     int sl;
12     long je;
13 } PRO;
14 PRO sell[MAX];
15 void ReadDat();
16 void WriteDat();
17
18 void SortDat()
19 {
20
21 }
22
23 void main()
24 {
25     memset(sell,0,sizeof(sell));
26     ReadDat();
27     SortDat();
28     WriteDat();
29 }
30
31 void ReadDat()
32 {
33     FILE * fp;
34     char str[80],ch[11];
35     int i;
36     fp = fopen("IN.DAT","r");
37     for(i = 0;i < 100;i ++)
38     {
39         fgets(str,80,fp);
40         memcpy(sell[i].dm,str,4);
41         memcpy(sell[i].mc,str +4,10);
42         memcpy(ch,str +14,4);
43         ch[4] =0;
44         sell[i].dj = atoi(ch);
45         memcpy(ch,str +18,5);
46         ch[5] =0;
47         sell[i].sl = atoi(ch);
48         sell[i].je=(long)sell[i].dj*sell[i].sl;
49     }
50     fclose(fp);
51 }
52
53 void WriteDat()
54 {
55     FILE * fp;
56     int i;
57     fp = fopen("OUT.DAT","w");
58     for(i = 0;i < 100;i ++)
59     {
60         fprintf(fp,"%s %s %4d %5d %10ld\n",
           sell[i].dm,sell[i].mc,sell[i].dj,
           sell[i].sl,sell[i].je);
61     }
62     fclose(fp);
63 }
```

第 81 套　上机考试试题

函数 ReadDat( )的功能是实现从文件 IN. DAT 中读取 1000 个十进制整数并存入到数组 xx 中。请编制函数 Compute( )，分别计算出 xx 中偶数的个数 even、奇数的平均值 ave1、偶数的平均值 ave2 及所有偶数的方差 totfc 的值，最后调用函数 WriteDat( )把结果输出到 OUT. DAT 文件中。

计算方差的公式如下：

$$totfc = \sum_{i=0}^{N-1} (xx[i] - ave2)^2 / N$$

设 N 为偶数的个数，$xx[i]$ 为偶数，ave2 为偶数的平均值。

注意：部分源程序存放在 PROG1. C 中，原始数据的存放格式是：每行存放 10 个数，并用逗号隔开(每个数均大于 0 且小于等于 2000)。请勿改动主函数 main( )、读函数 ReadDat( )和写函数 WriteDat( )的内容。

【试题程序】

```
1  #include <stdio.h>
2  #include <stdlib.h>
3  #include <string.h>
4  #define MAX 1000
5
6  int xx[MAX],odd =0,even =0;
7  double ave1 =0.0,ave2 =0.0,totfc =0.0;
8  void WriteDat(void);
9
10 int ReadDat(void)
11 {
12     FILE * fp;
13     int i,j;
14      if((fp = fopen("IN.DAT","r")) ==
   NULL)
15         return 1;
16     for(i =0;i <100;i ++)
17     {
18         for(j =0;j <10;j ++)
19         {
20         fscanf(fp,"%d,",&xx[i* 10 +j]);
21         fscanf(fp,"\n");
22         if(feof(fp)) break;
23     }
24     fclose(fp);
25     return 0;
26 }
27
28 void Compute(void)
29 {
30
31 }
32
33 void main()
34 {
35     int i;
36     for(i =0;i <MAX;i ++)
37         xx[i] =0;
38     if(ReadDat())
39     {
40     printf("数据文件 IN.DAT 不能打开! \007
       \n");
41     return;
42     }
43     Compute();
44     printf("EVEN =%d\nAVE1 =%f\nAVE2 =%f
           \nTOTFC =%f\n",even,ave1,ave2,
           totfc);
45     WriteDat();
46 }
47
48 void WriteDat(void)
49 {
50     FILE * fp;
51     fp =fopen("OUT.DAT","w");
52     fprintf(fp,"%d\n%lf\n%lf\n%lf\n",e-
             ven,ave1,ave2,totfc);
53     fclose(fp);
54 }
```

第 82 套　上机考试试题

下列程序的功能是:找出所有 100 以内(含 100)满足 i、i+4、i+10 都是素数的整数 i(i+10 也是在 100 以内)的个数 cnt,以及这些 i 之和 sum。请编制函数 countValue()实现程序要求,最后调用函数 writeDAT()把结果 cnt 和 sum 输出到文件 OUT.DAT 中(数值 1 不是素数)。

注意:部分源程序存放在 PROG1.C 中。请勿改动主函数 main()和写函数 writeDAT()的内容。

【试题程序】

```
1  #include <stdio.h>
2  int cnt,sum;
3  void writeDAT();
4  int isPrime(int number)
5  {
6      int i,tag =1;
7      if(number ==1)
8          return 0;
9      for(i =2;tag && i <=number/2;i ++)
10         if(number%i ==0)
11             tag =0;
12     return tag;
13 }
14
15 void countValue()
16 {
17
18 }
19 void main()
20 {
```

```
21      cnt = sum = 0;
22      countValue();
23      printf ("满足条件的整数的个数 =%d\n",
            cnt);
24      printf ("满足条件的整数的和值 =%d\n",
            sum);
25      writeDAT();
26  }
27
28  void writeDAT()
29  {
30      FILE * fp;
31      fp = fopen("OUT.DAT","w");
32      fprintf(fp,"%d\n%d\n",cnt,sum);
33      fclose(fp);
34  }
```

第83套　上机考试试题

已知数据文件IN.DAT中存有300个4位数,并已调用读函数readDat()把这些数存入到数组a中。请编制一函数jsValue(),其功能是:求出这些4位数是素数的个数cnt,再把所有满足此条件的4位数依次存入数组b中,然后对数组b的4位数按从小到大的顺序进行排序,最后调用函数writeDat()把数组b中的数输出到OUT.DAT文件中。

例如:5591是素数,该数满足条件,存入数组b中,且个数cnt = cnt + 1。

9812是非素数,该数不满足条件,忽略。

注意:部分源程序存放在PROG1.C中,程序中已定义数组:a[300],b[300],已定义变量:cnt。请勿改动主函数main()、读函数readDat()和写函数writeDat()的内容。

【试题程序】

```
1   #include <stdio.h>
2   int a[300],b[300],cnt = 0;
3   void readDat();
4   void writeDat();
5
6   int isP(int m)
7   {
8       int i;
9       for(i = 2;i < m;i ++)
10          if(m%i == 0)
11              return 0;
12      return 1;
13  }
14  void jsValue()
15  {
16
17  }
18
19  void main()
20  {
21      int i;
22      readDat();
23      jsValue();
24      writeDat();
25      printf("cnt =%d\n",cnt);
26      for(i = 0;i < cnt;i ++)
27          printf("b[%d] =%d\n",i,b[i]);
28  }
29
30  void readDat()
31  {
32      FILE * fp;
33      int i;
34      fp = fopen("IN.DAT","r");
35      for(i = 0;i < 300;i ++)
36          fscanf(fp,"%d,",&a[i]);
37      fclose(fp);
38  }
39
40  void writeDat()
41  {
42      FILE * fp;
43      int i;
44      fp = fopen("OUT.DAT","w");
45      fprintf(fp,"%d\n",cnt);
46      for(i = 0;i < cnt;i ++)
47          fprintf(fp, "%d\n",b[i]);
48      fclose(fp);
49  }
```

第84套　上机考试试题

已知在文件IN.DAT中存有若干个(个数<200)4位数字的正整数,函数ReadDat()的功能是读取这若干个正整数并存入到数组xx中。请编制函数CalValue(),其功能要求是:①求出这个文件中共有多少个正整数totNum;②求出这些数中的各位数字之和是奇数的个数totCnt,以及满足此条件的这些数的算术平均值totPjz,最后调用函数WriteDat()把所有结果输出到文件OUT.DAT中。

注意:部分源程序存放在PROG1.C中。请勿改动主函数main()、读函数ReadDat()和写函数WriteDat()的内容。

【试题程序】

```
1  #include <stdio.h>
2  #include <stdlib.h>
3  #define MAXNUM 200
4  int xx[MAXNUM];
5  int totNum=0;
6  int totCnt=0;
7  double totPjz=0.0;
8  int ReadDat(void);
9  void WriteDat(void);
10
11 void CalValue(void)
12 {
13
14 }
15
16 void main()
17 {
18     int i;
19     system("CLS");
20     for(i=0;i<MAXNUM;i++)
21         xx[i]=0;
22     if(ReadDat())
23     {
24         printf("数据文件IN.DAT不能打开!
               \007\n");
25         return;
26     }
27     CalValue();
28     printf("文件IN.DAT中共有正整数=%d个
           \n",totNum);
29     printf("符合条件的正整数的个数=%d个\n",
           totCnt);
30     printf("平均值=%.2lf\n",totPjz);
31     WriteDat();
32 }
33
34 int ReadDat(void)
35 {
36     FILE * fp;
37     int i=0;
38     if((fp=fopen("IN.DAT","r"))==
         NULL)
39         return 1;
40     while(! feof(fp))
41     {
42         fscanf(fp,"%d",&xx[i++]);
43     }
44     fclose(fp);
45     return 0;
46 }
47
48 void WriteDat(void)
49 {
50     FILE * fp;
51     fp=fopen("OUT.DAT","w");
52     fprintf(fp,"%d\n%d\n%.2lf\n",tot-
           Num,totCnt,totPjz);
53     fclose(fp);
54 }
```

第85套　上机考试试题

已知在文件IN.DAT中存有若干个(个数<200)4位数字的正整数,函数ReadDat()的功能是读取这若干个正整数并存入到数组xx中。请编制函数CalValue(),其功能要求:①求出这文件中共有多少个正整数totNum;②求出这些数中的各位数字之和是偶数的数的个数totCnt,以及满足此条件的这些数的算术平均值totPjz,最后调用函数WriteDat()把所求的结果输出到文件OUT.DAT中。

注意:部分源程序存放在PROG1.C中。请勿改动主函数main()、读函数ReadDat()和写函数WriteDat()的内容。

【试题程序】

```
1  #include <stdio.h>
2  #include <stdlib.h>
3  #define MAXNUM 200
4  int xx[MAXNUM];
5  int totNum =0;     /* 文件IN.DAT中共有多少
                         个正整数 */
6  int totCnt =0;     /* 符合条件的正整数的个
                         数 */
```

```
7  double totPjz =0.0;    /* 平均值 * /
8  int ReadDat(void);
9  void Writedat(void);
10
11 void CalValue()
12 {
13
14 }
15
16 void main()
17 {
18     int i;
19     system("CLS");
20     for(i =0; i <MAXNUM; i ++)
21         xx[i] =0;
22     if (Readdat())
23     {
24         printf ("数据文件 IN.DAT 不能打开!
               \007\n");
25         return;
26     }
27     CalValue();
28     printf ("文件 IN.DAT 中共有正整数 =%d 个
           \n", totNum);
29     printf ("符合条件的正整数的个数 =%d 个\n",
           totCnt);
30     printf("平均值 =%.2lf\n", totPjz);
31     Writedat();
32 }
33 int Readdat(void)
34 {
35     FILE * fp;
36     int i =0;
37     if ((fp = fopen("IN.DAT", "r")) ==
         NULL)
38         return 1;
39     while(! feof(fp))
40     {
41         fscanf(fp, "%d,", &xx[i ++]);
42     }
43     fclose(fp);
44     return 0;
45 }
46
47 void Writedat(void)
48 {
49     FILE * fp;
50     fp = fopen("OUT.DAT", "w");
51     fprintf (fp,"%d\n%d\n%.2lf\n", tot-
               Num, totCnt, totPjz);
52     fclose(fp);
53 }
```

第86套　上机考试试题

已知数据文件 IN.DAT 中存有200个4位数,并已调用读函数 readDat()把这些数存入到数组 a 中。请编制一函数 jsVal(),其功能是:如果一个4位数的千位数字上的值加个位数字上的值恰好等于百位数字上的值加上十位数字上的值,并且此4位数是奇数,则统计出满足此条件的数的个数 cnt 并把这些4位数按从小到大的顺序存入数组 b 中,最后调用写函数 writeDat()把结果 cnt,以及数组 b 中符合条件的4位数输出到 OUT.DAT 文件中。

注意:部分源程序存放在 PROG1.C 中,程序中已定义数组:a[200],b[200],已定义变量:cnt。请勿改动主函数 main()、读函数 readDat()和写函数 writeDat()的内容。

【试题程序】

```
1  #include <stdio.h>
2  #define MAX 200
3  int a[MAX],b[MAX],cnt =0;
4  void writeDat();
5
6  void jsVal()
7  {
8
9  }
10
11 void readDat()
12 {
13   int i;
14
15     FILE * fp;
16     fp=fopen("IN.DAT","r");
17     for(i =0;i <MAX;i ++)
18         fscanf(fp,"%d",&a[i]);
19     fclose(fp);
20 }
21
22 void main()
23 {
24     int i;
25     readDat();
26     jsVal();
27     printf("满足条件的数 =%d\n",cnt);
28     for(i =0;i <cnt;i ++)
```

```
29        printf("%d ",b[i]);
30     printf("\n");
31     writeDat();
32  }
33
34  void writeDat()
35  {
36     FILE * fp;
37     int i;
38     fp = fopen("OUT.DAT","w");
39     fprintf(fp,"%d\n",cnt);
40     for(i =0;i <cnt;i ++)
41        fprintf(fp, "%d\n",b[i]);
42     fclose(fp);
43  }
```

第87套 上机考试试题

已知数据文件IN.DAT中存有200个4位数,并已调用读函数readDat()把这些数存入到数组a中。请编制一函数jsVal(),其功能是:把个位数字和千位数字重新组合成一个新的2位数ab(新2位数的十位数字是原4位数的个位数字,新2位数的个位数字是原4位数的千位数字),以及把百位数字和十位数字组成另一个新的2位数cd(新2位数的十位数字是原4位数的百位数字,新2位数的个位数字是原4位数的十位数字),如果新组成的两个数均为偶数且两个2位数中至少有一个数能被9整除,同时两个新十位数字均不为0,则将满足此条件的4位数按从大到小的顺序存入数组b中,并计算满足上述条件的4位数的个数cnt,最后调用写函数writeDat()把结果cnt及数组b中符合条件的4位数输出到OUT.DAT文件中。

注意:部分源程序存放在PROG1.C中,程序中已定义数组:a[200],b[200],已定义变量:cnt。请勿改动主函数main()、读函数readDat()和写函数writeDat()的内容。

【试题程序】

```
1   #include <stdio.h>
2   #define MAX 200
3   int a[MAX],b[MAX],cnt =0;
4   void writeDat();
5
6   void jsVal()
7   {
8
9   }
10
11  void readDat()
12  {
13     int i;
14     FILE * fp;
15     fp = fopen("IN.DAT","r");
16     for(i =0;i <MAX;i ++)
17        fscanf(fp,"%d",&a[i]);
18     fclose(fp);
19  }
20
21  void main()
22  {
23     int i;
24     readDat();
25     jsVal();
26     printf("满足条件的数 =%d\n",cnt);
27     for(i =0;i <cnt;i ++)
28        printf("%d\n",b[i]);
29     printf("\n");
30     writeDat();
31  }
32
33  void writeDat()
34  {
35     FILE * fp;
36     int i;
37     fp = fopen("OUT.DAT","w");
38     fprintf(fp,"%d\n",cnt);
39     for(i =0;i <cnt;i ++)
40        fprintf(fp, "%d\n",b[i]);
41     fclose(fp);
42  }
```

第88套 上机考试试题

已知数据文件IN.DAT中存有200个4位数,并已调用读函数readDat()把这些数存入到数组a中。请编制一函数jsVal(),其功能是:把个位数字和千位数字重新组合成一个新的2位数ab(新2位数的十位数字是原4位数的个位数字,新2位数的个位数字是原4位数的千位数字),以及把百位数和十位数组成另一个新的2位数cd(新2位数的十位数字是原4位数的百位数字,新2位数的个位数字是原4位数的十位数字),如果新组成的两个2位数必须是一个为奇数,另一个为偶数且两个2位数中至少有一个数能被17整除,同时两个新十位数字均不为0,则将满足此条件的4位数按从大到小的顺序存入数组b中,并要计算满足上述条件的4位数的个数cnt,最后调用写函数writeDat()把结果cnt及数组b中符合条件的4位数输出到

OUT. DAT 文件中。

注意:部分源程序存放在 PROG1. C 中,程序中已定义数组:a[200],b[200],已定义变量:cnt。请勿改动主函数 main()、读函数 readDat()和写函数 writeDat()的内容。

【试题程序】

```
1   #include <stdio.h>
2   #define MAX 200
3   int a[MAX],b[MAX],cnt =0;
4   void writeDat();
5
6   void jsVal()
7   {
8
9   }
10
11  void readDat()
12  {
13      int i;
14      FILE * fp;
15      fp=fopen("IN.DAT","r");
16      for(i =0;i <MAX;i ++)
17          fscanf(fp,"%d",&a[i]);
18      fclose(fp);
19  }
20
21  void main()
22  {
23      int i;
24      readDat();
25      jsVal();
26      printf("满足条件的数 =%d\n",cnt);
27      for(i =0;i <cnt;i ++)
28          printf("%d ",b[i]);
29      printf("\n");
30      writeDat();
31  }
32
33  void writeDat()
34  {
35      FILE * fp;
36      int i;
37      fp=fopen("OUT.DAT","w");
38      fprintf(fp,"%d\n",cnt);
39      for(i =0;i <cnt;i ++)
40          fprintf(fp, "%d\n",b[i]);
41      fclose(fp);
42  }
```

2.3 优秀篇

第89套　上机考试试题

已知数据文件 IN. DAT 中存有 200 个 4 位数,并已调用读函数 readDat()把这些数存入到数组 a 中。请编制一函数 jsVal(),其功能是:把千位数字和十位数字重新组合成一个新的 2 位数 ab(新 2 位数的十位数字是原 4 位数的千位数字,新 2 位数的个位数字是原 4 位数的十位数字),以及把个位数字和百位数字组成另一个新的 2 位数 cd(新 2 位数的十位数字是原 4 位数的个位数字,新 2 位数的个位数字是原 4 位数的百位数字),如果新组成的两个 2 位数 ab > cd,ab 必须是偶数且能被 5 整除,cd 必须是奇数,同时两个新 2 位数字均不为 0,则将满足此条件的 4 位数按从大到小的顺序存入数组 b 中,并要计算满足上述条件的 4 位数的个数 cnt,最后调用写函数 writeDat()把结果 cnt 及数组 b 中符合条件的 4 位数输出到 OUT. DAT 文件中。

注意:部分源程序存放在 PROG1. C 中,程序中已定义数组:a[200],b[200],已定义变量:cnt。请勿改动主函数 main()、读函数 readDat()和写函数 writeDat()的内容。

【试题程序】

```
1   #include <stdio.h>
2   #define MAX 200
3   int a[MAX],b[MAX],cnt =0;
4   void writeDat();
5
6   void jsVal()
7   {
8   }
9
10  void readDat()
11  {
12      int i;
13      FILE * fp;
14      fp=fopen("IN.DAT","r");
```

```
15     for(i=0;i<MAX;i++)
16         fscanf(fp,"%d",&a[i]);
17     fclose(fp);
18 }
19 void main()
20 {
21     int i;
22     readDat();
23     jsVal();
24     printf("满足条件的数=%d\n",cnt);
25     for(i=0;i<cnt;i++)
26         printf("%d ",b[i]);
27     printf("\n");
28     writeDat();
29 }
30
31 void writeDat()
32 {
33     FILE * fp;
34     int i;
35     fp=fopen("OUT.DAT","w");
36     fprintf(fp,"%d\n",cnt);
37     for(i=0;i<cnt;i++)
38         fprintf(fp, "%d\n",b[i]);
39     fclose(fp);
40 }
```

第90套　上机考试试题

在文件IN.DAT中有200组数据,每组有3个数,每个数均为3位数。函数readDat()的功能是读取这200组数并存放到结构数组aa中。请编制函数jsSort(),其函数的功能是:要求在200组数据中找出条件为每组数据中的第一个数大于第二个数加第三个数之和,其中满足条件的个数作为函数jsSort()的返回值,同时把满足条件的数据存入结构数组bb中,再对bb中的数按照每组数据的第一个数加第三个数之和的大小进行升序排列(第一个数加第三个数的和均不相等),排序后的结果仍重新存入结构数组bb中。最后调用函数writeDat()把结果bb输出到文件OUT.DAT。

注意:部分源程序存放在PROG1.C中。请勿改动主函数main()、读函数readDat()和写函数writeDat()的内容。

【试题程序】

```
1  #include <stdio.h>
2  #include <string.h>
3  #include <stdlib.h>
4  typedef struct
5  {
6      int x1,x2,x3;
7  } Data;
8  Data aa[200],bb[200];
9  void readDat();
10 void writeDat();
11
12 int jsSort()
13 {
14
15 }
16
17 void main()
18 {
19     int count;
20     readDat();
21     count=jsSort();
22     writeDat(count);
23 }
24
25 void readDat()
26 {
27     FILE * in;
28     int i;
29     in=fopen("IN.DAT","r");
30     for(i=0;i<200;i++)
31         fscanf (in,"%d %d %d",&aa[i].x1,
               &aa[i].x2,&aa[i].x3);
32     fclose(in);
33 }
34
35 void writeDat(int count)
36 {
37     FILE * out;
38     int i;
39     system("CLS");
40     out=fopen("OUT.DAT","w");
41     for(i=0;i<count;i++)
42     {
43         printf ("%d,%d,%d 第一个数+第三个数
                 =%d\n",bb[i].x1,bb[i].x2,
                bb[i].x3,bb[i].x1+bb[i].x3);
44         fprintf (out,"%d,%d,%d\n",bb[i].x1,
                  bb[i].x2,bb[i].x3);
45     }
46     fclose(out);
47 }
```

第91套　上机考试试题

已知数据文件IN.DAT中存有300个4位数,并已调用函数readDat()把这些数存入数组a中。请编制一函数jsValue(),其功能是:求出千位数上的数加个位数上的数等于百位数上的数加十位数上的数的个数cnt,再求出所有满足此条件的4位数平均值pjz1,以及所有不满足此条件的4位数的平均值pjz2,最后调用函数writeDat()把结果cnt、pjz1、pjz2,输出到OUT.DAT文件中。

例如:6712,6+2=7+1,该数满足条件,计算平均值pjz1,且个数cnt=cnt+1。

8129,8+9≠1+2,该数不满足条件,计算平均值pjz2。

注意:部分源程序存放在PROG1.C中,程序中已定义数组:a[300],b[300],已定义变量:cnt,pjz1,pjz2。请勿改动主函数main()、读函数readDat()和写函数writeDat()的内容。

【试题程序】

```
1  #include <stdio.h>
2  int a[300], cnt=0;
3  double pjz1=0.0,pjz2=0.0;
4  void readDat();
5  void writeDat();
6
7  void jsValue()
8  {
9
10 }
11
12 void main()
13 {
14     readDat();
15     jsValue();
16     writeDat();
17     printf("cnt=%d\n满足条件的平均值pjz1
           =%7.2lf\n不满足条件的平均值pjz2
           =%7.2lf\n",cnt,pjz1,pjz2);
18 }
19 void readDat()
20 {
21     FILE * fp;
22     int i;
23     fp=fopen("IN.DAT","r");
24     for(i=0;i<300;i++)
25         fscanf(fp,"%d,",&a[i]);
26     fclose(fp);
27 }
28
29 void writeDat()
30 {
31     FILE * fp;
32     fp=fopen("OUT.DAT","w");
33     fprintf(fp,"%d\n%7.2lf\n%7.2lf\n",
               cnt,pjz1,pjz2);
34     fclose(fp);
35 }
```

第92套　上机考试试题

下列程序的功能是:将一个正整数序列{K1,K2,…,K9}重新排成一个新的序列。新序列中,比K1小的数都在K1的左面(后续的再向左存放),比K1大的数都在K1的右面(后续的再向右存放),从K1向右扫描。要求编写函数jsValue()实现此功能,最后调用函数writeDat()把新序列输出到文件OUT.DAT中。

说明　在程序中已给出了10个序列,每个序列中有9个正整数,并存入数组a[10][9]中,分别求出这10个新序列。

例如:序列排序前{6,8,9,1,2,5,4,7,3}

　　序列排序后{3,4,5,2,1,6,8,9,7}

注意:部分源程序存放在PROG1.C中。请勿改动主函数main()和写函数writeDat()的内容。

【试题程序】

```
1  #include <stdio.h>
2  void writeDat();
3
4  void jsValue(int a[10][9])
5  {
6
7  }
8
9  void main()
10 {
11     int a[10][9]={{6,8,9,1,2,5,4,7,3},
12                   {3,5,8,9,1,2,6,4,7},
13                   {8,2,1,9,3,5,4,6,7},
14                   {3,5,1,2,9,8,6,7,4},
```

```
15                  {4,7,8,9,1,2,5,3,6},
16                  {4,7,3,5,1,2,6,8,9},
17                  {9,1,3,5,8,6,2,4,7},
18                  {2,6,1,9,8,3,5,7,4},
19                  {5,3,7,9,1,8,2,6,4},
20                  {7,1,3,2,5,8,9,4,6},
21                  };
22      int i,j;
23      jsValue(a);
24      for(i=0;i<10;i++)
25      {
26          for(j=0;j<9;j++)
27          {
28              printf("%d",a[i][j]);
29              if(j<=7) printf(",");
30          }
31          printf("\n");
32      }
33      writeDat(a);
34  }
35
36  void writeDat(int a[10][9])
37  {
38      FILE * fp;
39      int i,j;
40      fp=fopen("OUT.DAT","w");
41      for(i=0;i<10;i++)
42      {
43          for(j=0;j<9;j++)
44          {
45              fprintf(fp,"%d",a[i][j]);
46              if(j<=7)
47                  fprintf(fp,",");
48          }
49          fprintf(fp,"\n");
50      }
51      fclose(fp);
52  }
```

第93套　上机考试试题

已知数据文件IN.DAT中存有200个4位数,并已调用读函数readDat()把这些数存入到数组a中。请编制一函数jsVal(),其功能是:如果一个4位数的千位数字上的值加十位数字上的值恰好等于百位数字上的值加上个位数字上的值,并且此4位数是偶数,则统计出满足此条件的数的个数cnt并把这些4位数按从小到大的顺序存入数组b中,最后调用写函数writeDat()把结果cnt及数组b中符合条件的4位数输出到OUT.DAT文件中。

注意:部分源程序存放在PROG1.C中,程序中已定义数组:a[200],b[200],已定义变量:cnt。请勿改动主函数main()、读函数readDat()和写函数writeDat()的内容。

【试题程序】

```
1   #include <stdio.h>
2   #define MAX 200
3   int a[MAX],b[MAX],cnt=0;
4   void writeDat();
5   void jsVal()
6   {
7
8   }
9   void readDat()
10  {
11      int i;
12      FILE * fp;
13      fp=fopen("IN.DAT","r");
14      for(i=0;i<MAX;i++)
15          fscanf(fp,"%d",&a[i]);
16      fclose(fp);
17  }
18
19  void main()
20  {
21      int i;
22      readDat();
23      jsVal();
24      printf("满足条件的数=%d\n",cnt);
25      for(i=0;i<cnt;i++)
26          printf("%dn ",b[i]);
27      printf("\n");
28      writeDat();
29  }
30
31  void writeDat()
32  {
33      FILE * fp;
34      int i;
35      fp=fopen("OUT.DAT","w");
36      fprintf(fp,"%d\n",cnt);
37      for(i=0;i<cnt;i++)
38          fprintf(fp, "%d\n",b[i]);
39      fclose(fp);
40  }
```

第 94 套　上机考试试题

已知数据文件 IN.DAT 中存有 300 个 4 位数,并已调用读函数 readDat()把这些数存入到数组 a 中。请编制一函数 jsValue(),其功能是:求出千位数上的数减百位数上数减十位数上的数减个位数上的数的值大于零的个数 cnt,再求出所有满足此条件的 4 位数平均值 pjz1,以及所有不满足此条件的 4 位数平均值 pjz2,最后调用函数 writeDat()把结果 cnt、pjz1、pjz2 输出到 OUT.DAT 文件中。

例如:9123,9-1-2-3>0,该数满足条件,计算平均值 pjz1,且个数 cnt=cnt+1。

9812,9-8-1-2<0,该数不满足条件,计算平均值 pjz2。

注意:部分源程序存放在 PROG1.C 中,程序中已定义数组:a[300],已定义变量:cnt。请勿改动主函数 main()、读函数 readDat()和写函数 writeDat()的内容。

【试题程序】

```
1   #include <stdio.h>
2   int a[300], cnt=0;
3   double pjz1=0.0,pjz2=0.0;
4   void readDat();
5   void writeDat();
6
7   void jsValue()
8   {
9
10  }
11
12  void main()
13  {
14      readDat();
15      jsValue();
16      writeDat();
17      printf("cnt=%d\n 满足条件的平均值 pjz1
            =%7.2lf\n 不满足条件的平均值
        pjz2=%7.2lf\n",cnt,pjz1,pjz2);
18  }
19
20  void readDat()
21  {
22      FILE * fp;
23      int i;
24      fp=fopen("IN.DAT","r");
25      for(i=0;i<300;i++)
26          fscanf(fp,"%d,",&a[i]);
27      fclose(fp);
28  }
29
30  void writeDat()
31  {
32      FILE * fp;
33      fp=fopen("OUT.DAT","w");
34      fprintf(fp,"%d\n%7.2lf\n%7.2lf\n",
                cnt,pjz1,pjz2);
35      fclose(fp);
36  }
```

第 95 套　上机考试试题

已知 IN.DAT 中存有 200 个 4 位数,并已调用读函数 readDat()把这些数存入到数组 a 中。请编制一函数 jsVal(),其功能是:依次从数组 a 中取出一个数,如果该 4 位数连续大于该 4 位数以后的 5 个数且该数是奇数,则统计出满足此条件的数的个数 cnt,并把这些 4 位数按从小到大的顺序存入数组 b 中,最后调用写函数 writeDat() 把结果 cnt 及数组 b 中符合条件的 4 位数输出到 OUT.DAT 文件中。

注意:部分源程序存放在 PROG1.C 中,程序中已定义数组:a[200],b[200],已定义变量:cnt。请勿改动主函数 main()、读函数 readDat()和写函数 writeDat()的内容。

【试题程序】

```
1   #include <stdio.h>
2   #define MAX 200
3   int a[MAX], b[MAX], cnt=0;
4   void writeDat();
5
6   void jsVal()
7   {
8
9   }
10  void readDat()
11  {
12      int i;
13      FILE * fp;
14      fp=fopen("IN.DAT", "r");
15      for(i=0; i<MAX; i++)
16          fscanf(fp, "%d", &a[i]);
17      fclose(fp);
18  }
```

```
19
20  void main()
21  {
22      int i;
23      readDat();
24      jsVal();
25      printf("满足条件的数=%d\n", cnt);
26      for(i=0; i<cnt; i++)
27          printf("%d ", b[i]);
28      printf("\n");
29      writeDat();
30  }
31  void writeDat()
32  {
33      FILE * fp;
34      int i;
35      fp = fopen("OUT.DAT", "w");
36      fprintf(fp, "%d\n", cnt);
37      for(i=0; i<cnt; i++)
38          fprintf(fp, "%d\n", b[i]);
39      fclose(fp);
40  }
```

第96套　上机考试试题

下列程序的功能是：寻找并输出11至999之间的数m，它满足m、m2和m3均为回文数。所谓回文数是指其各位数字左右对称的整数，例如121、676、94249等。满足上述条件的数如m=11、m2=121、m3=1331皆为回文数。请编制函数int jsValue(long n)实现此功能，如果是回文数，则函数返回1，反之则返回0。最后把结果输出到文件OUT.DAT中。

注意：部分源程序存放在PROG1.C中。请勿改动主函数main()。

【试题程序】

```
1   #include <stdio.h>
2   #include <string.h>
3   #include <stdlib.h>
4   int jsValue(long n)
5   {
6
7   }
8
9   void main()
10  {
11      long m;
12      FILE * out;
13      out=fopen("OUT.DAT","w");
14      for(m=11;m<1000;m++)
15      {
16          if(jsValue(m) && jsValue(m* m) &&
            jsValue(m* m* m))
17          {
18              printf("m=%4ld,m* m=%6ld,
                    m* m* m=%8ld\n", m,
                    m* m,m* m* m);
19              fprintf(out, "m=%4ld,m* m=%
                    6ld,m* m* m=%8ld\n",m,
                    m* m,m* m* m);
20          }
21      }
22      fclose(out);
23  }
```

第97套　上机考试试题

设有n个人坐一圈并按顺时针方向从1到n编号，从第s个人开始进行1到m的报数，报数到第m个人，此人出圈，再从他的下一个人重新开始从1到m报数，如此进行下去直到所有的人都出圈为止。先要求按出圈次序，每10个人为一组，给出这n个人的顺序表。请编制函数Josegh()实现此功能，并调用函数WriteDat()把编号按照出圈顺序输出到文件OUT.DAT中。

设n=100，s=1，m=10进行编程。

注意：部分源程序存放在PROG1.C中。请勿改动主函数main()和写函数WriteDat()的内容。

【试题程序】

```
1   #include <stdio.h>
2   #define N 100
3   #define S 1
4   #define M 10
5   int p[100],n,s,m;
6   void WriteDat(void);
7
8   void Josegh(void)
9   {
10
11  }
12
13  void main()
14  {
```

```
15      m=M; n=N; s=S;
16      Josegh();
17      WriteDat();
18  }
19  void WriteDat(void)
20  {
21      int i;
22      FILE * fp;
23      fp=fopen("OUT.DAT","w");
24      for(i=N-1;i>=0;i--)
25      {
26          printf("%4d",p[i]);
27          fprintf(fp,"%4d",p[i]);
28          if(i%10==0)
29          {
30            printf("\n");
31            fprintf(fp,"\n");
32          }
33      }
34      fclose(fp);
35  }
```

第98套　上机考试试题

函数ReadDat( )的功能是实现从文件ENG.IN中读取一篇英文文章,并存入到字符串数组xx中。请编制函数encryptChar( ),按给定的替代关系对数组xx中的所有字符进行替代,结果仍存入数组xx对应的位置上,最后调用函数WriteDat( )把结果xx输出到文件PS.DAT中。

替代关系:f(p)=p*11 mod 256(p是数组xx中某一个字符的ASCII值,f(p)是计算后新字符的ASCII值),如果计算后f(p)的值小于等于32或大于130,则该字符不变,否则将f(p)所对应的字符进行替代。

注意:部分源程序存放在PROG1.C中,原始数据文件存放的格式是:每行的宽度均小于80个字符。请勿改动主函数main( )、读函数ReadDat( )和写函数WriteDat( )的内容。

【试题程序】

```
1   #include <stdlib.h>
2   #include <stdio.h>
3   #include <string.h>
4   #include <ctype.h>
5   unsigned char xx[50][80];
6   int maxlinc =0;  /* 文章的总行数 */
7   int ReadDat(void);
8   void WriteDat(void);
9   lvoid encryptChar()
10  {
11  }
12  void main()
13  {
14      system("CLS");
15      if(ReadDat())
16      {
17          printf ("数据文件 ENG.IN 不能打开!
                   \n\007");
18          return;
19      }
20      encryptChar();
21      WriteDat();
22  }
23  int ReadDat(void)
24  {
25      FILE * fp;
26      int i =0;
27      unsigned char * p;
28      if ((fp = fopen("ENG.IN", "r")) ==
          NULL)
29          return 1;
30      while(fgets(xx[i], 80, fp) ! =NULL)
31      {
32          p =strchr(xx[i], '\n');
33          if(p)
34              * p =0;
35          i ++;
36      }
37      maxline =i;
38      fclose(fp);
39      return 0;
40  }
41  void WriteDat(void)
42  {
43      FILE * fp;
44      int i;
45      fp =fopen("PS.DAT", "w");
46      for(i =0; i <maxline; i ++)
47      {
48          printf("%s\n", xx[i]);
49          fprintf(fp, "%s\n", xx[i]);
50      }
51      fclose(fp);
52  }
53
```

第99套 上机考试试题

函数 ReadDat()的功能是实现从文件 ENG.IN 中读取一篇英文文章,并存入到字符串数组 xx 中。请编制函数encryChar(),按给定的替代关系对数组 xx 中所有字符进行替代,替代的结果仍存入数组 xx 的对应的位置上,最后调用函数 WriteDat()把结果 xx 输出到文件 ps.dat 中。

替代关系:f(p) = p * 11 mod 256(p 是数组 xx 中某一个字符的 ASCII 值,f(p)是计算后新字符的 ASCII 值),如果原字符是小写字母或计算后 f(p)的值小于等于 32,则该字符不变,否则将 f(p)所对应的字符进行替代。

注意:部分源程序存放在 PROG1.C 中,原始数据文件的存放格式是每行的宽度均小于 80 个字符。请勿改动主函数main()、读函数 ReadDat()和写函数 WriteDat()的内容。

【试题程序】

```
1  #include <stdlib.h>
2  #include <stdio.h>
3  #include <string.h>
4  #include <ctype.h>
5  unsigned char xx[50][80];
6  int maxline = 0;
7  int ReadDat(void);
8  void WriteDat(void);
9
10 void encryChar()
11 {
12
13 }
14
15 void main()
16 {
17     system("CLS");
18     if(ReadDat())
19     {
20         printf("数据文件 ENG.IN 不能打开!
               \n\007");
21         return;
22     }
23     encryChar();
24     WriteDat();
25 }
26
27 int ReadDat(void)
28 {
29     FILE * fp;
30     int i = 0;
31     unsigned char * p;
32     if((fp = fopen("ENG.IN","r")) == NULL)
33         return 1;
34     while(fgets(xx[i],80,fp) != NULL)
35     {
36         p = strchr(xx[i],'\n');
37         if(p)
38             * p = 0;
39         i ++;
40     }
41     maxline = i;
42     fclose(fp);
43     return 0;
44 }
45
46 void WriteDat()
47 {
48     FILE * fp;
49     int i;
50     fp = fopen("ps.dat","w");
51     for(i = 0;i < maxline;i ++)
52     {
53         printf("%s\n",xx[i]);
54         fprintf(fp,"%s\n",xx[i]);
55     }
56     fclose(fp);
57 }
```

第100套 上机考试试题

请编写函数 countValue(),它的功能是:求 n 以内(不包括 n)同时能被 3 与 7 整除的所有自然数之和的平方根 s,并作为函数值返回,最后把结果 s 输出到文件 OUT.DAT 中。

例如,若 n 为 1000 时,函数值应为 s = 153.909064。

注意:部分源程序存放在 PROG1.C 中。请勿改动主函数 main()和输入输出函数 progReadWrite()的内容。

【试题程序】

```
1   #include <stdlib.h>
2   #include <math.h>
3   #include <stdio.h>
4   void progReadWrite();
5
6   double countValue(int n)
7   {
8
9   }
10
11  void main()
12  {
13     system("CLS");
14     printf("自然数之和的平方根=%f\n",
           countValue(1000));
15     progReadWrite();
16  }
17
18  void progReadWrite()
19  {
20     FILE * wf;
21     double s;
22     wf =fopen("OUT.DAT", "w");
23     s =countValue(1000);
24     fprintf(wf, "%f\n", s);
25     fclose(wf);
26  }
```

第三部分

Part 3

参考答案及解析

上机考试看似复杂，其实很简单，只要按照科学的思路去归纳、总结、分析，学通了一道题就等于学会了一类题，只要将我们总结出来的典型题学通、吃透，上机考试便可以从容应对。

本部分是对上一部分试题内容的分析解答，本着“授之以渔”的思想，将解析分为“考点分析、解题思路、操作步骤、模板速记、易错提示、举一反三”等模块，详简有度地对上机试题进行分析、解答、点拨、总结，旨在帮助考生迅速学会解题思路、掌握解题技巧。

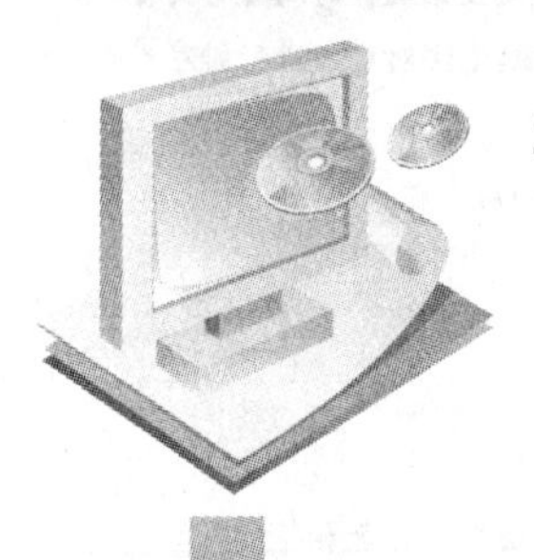

3.1 基础篇

内容说明：考点分析、解题思路、参考答案、模板速记、易错提示、举一反三

学习目的：对典型题目详尽学习、深入理解、学会分析。通过对同类题目进行反复练习，归纳、巩固解题方法

3.2 达标篇

内容说明：考点分析、解题思路、参考答案、易错提示

学习目的：以查漏补缺为目的，学、练结合，巩固基础篇的学习成果

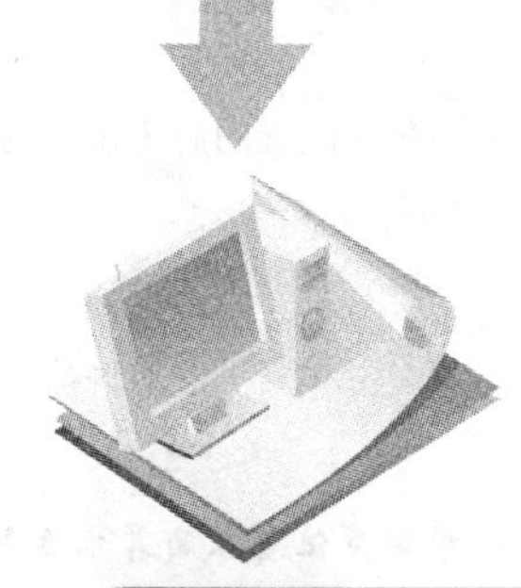

3.3 优秀篇

内容说明：解题思路、参考答案

学习目的：以练为主、融会贯通

考点分析	结合对真考题库所有试题的分析，总结每道大题所考查到的知识点
解题思路	点拨解题关键要素，明确解答本题该从何处入手
参考答案	完整答案及解析，让你轻松掌握每类题型的解题方法
模板速记	总结解题技巧，提炼记忆口诀，从零散中挖掘规律
易错提示	从实战角度出发，提醒考生应怎样避免错误的产生
举一反三	通过对同类题型的反复练习，最终完全掌握每类题型的解题方法

3.1 基础篇

第1套　参考答案及解析

【考点分析】本题考查对4位整数的排序。考查的知识点主要包括:数组元素的排序算法、if判断语句、逻辑表达式、求余算术运算。

【解题思路】此题属于4位数排序问题。本题需主要解决3个问题:问题1如何取4位数的后3位进行比较;问题2如何按照题目要求的条件(按照每个数的后3位的大小进行降序排列,如果后3位相等,则按照原始4位数的大小进行升序排列)排序;问题3如何将排完序的前10个数存到数组bb中。

本题的解题思路为:先使用双循环对数组按条件进行排序,然后将排完序的前10个数存到数组bb中。问题1可以通过算术运算的取余运算实现(aa[i]%1000);问题2通过包含if判断语句的起泡排序法即可实现。

【参考答案】

```
1   void jsSort()
2   {  int i,j;                                        /* 定义循环控制变量* /
3      int temp;                                       /* 定义数据交换时的暂存变量* /
4      for(i=0;i<199;i++)                              /* 用起泡法对数组进行排序* /
5          for(j=i+1;j<200;j++)
6          {  if(aa[i]%1000<aa[j]%1000)          /* 按照每个数的后3位大小进行降序排序* /
7             {      temp=aa[i];
8                    aa[i]=aa[j];
9                    aa[j]=temp;
10            }
11            else if(aa[i]%1000==aa[j]%1000)          /* 如果后3位数相等* /
12                   if(aa[i]>aa[j])                /* 则按原4位数的大小进行升序排序* /
13                   {  temp=aa[i];
14                      aa[i]=aa[j];
15                      aa[j]=temp;
16                   }
17         }
18         for(i=0;i<10;i++)                    /* 将排序后的前10个数存入数组bb中* /
19             bb[i]=aa[i];
20  }
```

【易错提示】取4位数后3位的算法;if判断语句中逻辑表达式的比较运算符。

【举一反三】在实际考试中,可能会稍微变化一下来考查,如题目要求变为:首先要求按照4位数的后3位进行升序排列,当后3位相等时,则按照原始4位数的大小进行降序排列等。

与本题类型相同的题目有:第31套。本题对应软件中视频串讲第6讲。

第2套　参考答案及解析

【考点分析】本题主要考查的知识点包括:C语言循环结构、if判断语句、逻辑表达式、分解多位整数的算术运算。

【解题思路】分析题干,本题除给出条件"SIX+SIX+SIX　=NINE+NINE"之外,还可得出2个隐含的条件:条件1SIX和NINE分别是3位和4位的正整数;条件2SIX的十位数字等于NINE的百位数字,NINE的千位数字和十位数字相等。

本题的解题思路为:通过嵌套的循环结构可以遍历到所有的3位和4位数,对于每一个3位数及4位数的组合进行题设条件(SIX+SIX+SIX　=NINE+NINE)的判断,满足条件的,对其分解得到各数位的数字再进一步判断各位数字是否满足本题隐含的条件(条件1及条件2),如果满足则个数加1,并将该3位数及4位数添加到和值中。

【参考答案】

```
1    void countValue()
2    {  int i,j;                              /* 定义变量分别存储 SIX(i)和 NINE(j)* /
3       int s2;                               /* 保存 SIX 的十位数字* /
4       int n2,n3,n4;                         /* 保存 NINE 的十位、百位和千位数字* /
5       for(i =100;i <1000;i ++)                  /* 遍历所有可能是 SIX 的数* /
6       {
7          for(j =1000;j <10000;j ++)             /* 遍历所有可能是 NINE 的数* /
8          {  if(i* 3 ==j* 2)           /* 如果满足条件 SIX + SIX + SIX ==NINE + NINE * /
9             {  s2 =i%100/10;                    /* 计算 SIX 的十位数字* /
10               n4 =j/1000;                      /* 计算 NINE 的千位数字* /
11               n3 =j%1000/100;                  /* 计算 NINE 的百位数字* /
12               n2 =j%100/10;                    /* 计算 NINE 的十位数字* /
13               if(s2 ==n3 && n2 ==n4)      /* 判断是否满足条件 SIX 的十位数字等于 NINE 的百位数字,且
14                                           NINE 的千位数字和十位数字相等* /
15               {       cnt ++;                  /* 统计满足条件的数的个数* /
16                     sum +=i +j;         /* 求满足此条件的所有 SIX 与 NINE 的和* /
17               }
18            }
19         }
20      }
21   }
```

【易错提示】隐含条件未被分析出或分析错误;整数数位分解的算术方法使用错误。

【举一反三】在实际考试中,可能会稍微变化一下来考查。如题干要求改为:SIX + SIX + SIX = NINE 或者SIX * SIX = NINE。对于本类题型,考生需正确理解题目的意思及相关算法,灵活处理。

第3套　参考答案及解析

【考点分析】本题考查的知识点包括:C 语言中文件读函数、if 条件判断结构、对多个整数求平均值和方差的算法等。

【解题思路】此题属于数学类问题。分析题干要求,得出解本题需主要解决 3 个问题:问题 1 如何实现从已打开的文件中依次读取数据到数组的操作;问题 2 如何分离并统计出奇数和偶数的个数及和值,并计算平均值;问题 3 如何计算奇数的方差。

本题的解题思路为:首先使用 C 语言的库函数 fscanf( )将文件中的数依次读入到数组 xx 中,然后通过循环判断得出需要的数据(奇数个数、偶数个数、奇数及偶数的和),最后根据题目中已给出的公式和之前保存的数据计算出奇数的方差。

【参考答案】

```
1    int ReadDat(void)
2    {  FILE * fp;
3       int i,j;                                  /* 定义计数器变量* /
4       if((fp =fopen("IN.DAT","r")) ==NULL)
5          return 1;
6       for(i =0;i <100;i ++)                     /* 依次读取整型数据并放入到数组 xx 中* /
7       {  for(j =0;j <10;j ++)
8             fscanf(fp,"%d,",&xx[i* 10 +j]);
9          fscanf(fp,"\n");
10         if(feof(fp))
              break;                              /* 文件读取结束,则退出* /
11      }
12      fclose(fp);
13      return 0;
14   }
```

```
15    void Compute(void)
16    {  int i;                                          /* 定义循环控制变量* /
17       int tt[MAX];                                    /* 定义数组保存奇数* /
18       for(i=0;i<1000;i++)
19         if(xx[i]%2!=0)
20         {  odd++;                                     /* 计算出xx中奇数的个数odd* /
21            ave1+=xx[i];                               /* 求奇数的和* /
22            tt[odd-1]=xx[i];                           /* 将奇数存入数组tt中* /
23         }
24         else
25         {  even++;                                    /* 计算出xx中偶数的个数even* /
26            ave2+=xx[i];                               /* 求偶数的和* /
27         }
28         ave1/=odd;                                    /* 求奇数的平均值* /
29         ave2/=even;                                   /* 求偶数的平均值* /
30         for(i=0;i<odd;i++)
31            totfc+=(tt[i]-ave1)* (tt[i]-ave1)/odd;     /* 求所有奇数的方差* /
32    }
```

【易错提示】文件操作函数fscanf()和feof()的用法;if判断语句中的逻辑表达式;对方差计算公式运用错误。

【举一反三】在实际考试中,可能会稍微变化一下来考查,如题目要求变为:计算偶数的个数even、奇数的平均值ave1、偶数的平均值ave2及所有偶数的方差totfc。

与本题类型相似的题目有:第46、81套。

第4套　参考答案及解析

【考点分析】本题考查一定范围内整数的筛选。考查的知识点主要包括:**多位整数的分解算法、完全平方数判断方法、if判断语句和逻辑表达式**。

【解题思路】此题属于数学类问题。分析题干,本题需注意2个关键点:**关键点**1判断该数是否是完全平方数;**关键点**2判断该数是否有2位数数字相同。

本题的解题思路为:通过循环控制,依次判断100~999的数是否满足**关键点**1(是否为完全平方数)。如果是,则将该数分解出各位数数字,并判断是否有2位数数字相同;如果存在,则个数加1,并将该数存入数组中。

【参考答案】

```
1     int jsValue(int bb[])
2     {  int i,j;                                        /* 定义循环控制变量* /
3        int cnt=0;                                      /* 定义计数器变量* /
4        int a3,a2,a1;                                   /* 定义变量存储3位数每位的数字* /
5        for(i=100;i<=999;i++)                           /* 在该范围中找符合条件的数* /
6          for (j=10; j<sqrt(i);j++)
7            if(i==j* j)                                 /* 如果该数是完全平方数* /
8          {  a3=i/100;                                  /* 求该数的百位数字* /
9             a2=i%100/10;                               /* 求该数的十位数字* /
10            a1=i%10;                                   /* 求该数的个位数字* /
11            if(a3==a2 ||a3==a1 ||a2==a1)               /* 若有2位数字相同* /
12            {  bb[cnt]=i;                              /* 则把该数存入数组bb中* /
13               cnt++;                                  /* 统计满足条件的数的个数* /
14            }
15         }
16       return cnt;                                     /* 返回满足该条件的整数的个数* /
17    }
```

【易错提示】完全平方数的判断方法;分解整数各个数位的方法;if 判断语句中的表达式。

【举一反三】在实际考试中,可能会稍微变化一下来考查。对于本类题型,考生需正确理解题目意思及相关算法,灵活解题。

第5套　参考答案及解析

【考点分析】本题考查一定范围内整数的筛选。考查的知识点主要包括:**多位整数的分解算法、素数的判断算法、if 判断语句和逻辑表达式**。

【解题思路】此题属于数学类问题。分析题干要求,归纳出本题的 2 个关键点:**关键点** 1 判断该数是否为素数;**关键点** 2 判断是否满足条件个位数字和十位数字之和被 10 除所得余数等于百位数字。

本题的解题思路为:通过循环语句,依次求出所有 3 位数的各位数数字,并判断是否满足**关键点** 2(个位数字和十位数字之和被 10 除所得余数等于百位数字),如果满足则判断该数是否为素数,如果是则个数加 1,并将该数加到和值中。判断的方法为:依次取从 2 到该数 1/2 的数去除这个数,如果有一个可被整除,则不是素数,如果循环后的数大于该数的一半,可以判定该数是一个素数。

【参考答案】

```
1    void countValue()
2    {   int i,j;                                  /* 定义循环控制变量* /
3        int a3,a2,a1;                             /* 定义变量存储 3 位数每位的数字* /
4        int half;
5        for(i =101;i <1000;i ++)                  /* 在该范围内寻找符合条件的数* /
6        {   a3 =i/100;                            /* 求百位数字* /
7            a2 =i%100/10;                         /* 求十位数字* /
8            a1 =i%10;                             /* 求个位数字* /
9            if(a3 == (a2 +a1)%10)    /* 如果个位数字与十位数字之和被 10 除所得余数恰是百位数字* /
10           {   half =i/2;
11               for(j =2;j <=half;j ++)           /* 进一步判断该数是否为素数* /
12                   if(i%j ==0)                   /* 如果不是素数* /
13                       break;                    /* 则跳出循环,接着判断下一个数* /
14               if(j >half)                       /* 如果是素数* /
15               {   cnt ++;                       /* 计算这些素数的个数 cnt* /
16                   sum +=i;                      /* 计算这些素数的和值 sum* /
17               }
18           }
19       }
20   }
```

【易错提示】素数的判断算法使用错误;分解整数各个数位的方法错误;if 判断语句中的逻辑表达式错误。

【举一反三】在实际考试中,可能会稍微变化一下来考查。对于本类题型,考生需正确理解题目意思及相关算法。

与本题类型相似的题目有:达标篇的第 49、50 套。本题对应软件中视频串讲第 8 讲。

第6套　参考答案及解析

【考点分析】本题考查结构体数组的排序。考查的知识点主要包括:**结构体成员运算、字符串比较符、数组排序**。

【解题思路】此题属于销售记录排序类题型。此类题型主要考查对结构体数组的排序。解题时,应注意 3 个关键点:**关键点** 1 如何按产品名称从小到大排序;**关键点** 2 假设产品名称相同;**关键点** 3 如何按金额从小到大排列。

数组排序可以用起泡法实现,起泡法的思路是:将较小的值像空气泡一样逐渐"上浮"到数组的顶部,而较大的数值逐渐"下沉"到数组的底部。具体为第 1 趟用第 1 个记录和第 2 个记录进行比较,如果不符合要求,就进行交换,第 2 个记录和第 3 个记录比较,直到倒数第 2 个记录和最后 1 个记录比较完成;第 2 趟用第 2 个记录和第 3 个记录比较,然后第 3 个和第 4 个比较,依次类推。

本题在双循环中进行每次记录比较时,首先用字符串比较函数 strcmp 比较两个产品的名称,如果返回的值大于 0,则这两个产品进行数据交换;如果返回值等于 0,再比较两个产品的金额,如果前一个产品的金额大于后一个产品的金额,则这两个产品进行数据交换。

【参考答案】

```
1   void SortDat()
2   {   int i,j;                                          /* 定义循环控制变量*/
3       PRO temp;              /* 定义数据交换时的暂存变量(这里是PRO类型的结构体变量)*/
4       for(i=0;i<99;i++)                                     /* 利用起泡法进行排序*/
5           for(j=i+1;j<100;j++)
6           if(strcmp(sell[i].mc,sell[j].mc)>0)             /* 产品名称从小到大排列*/
7           {   temp=sell[i];
8               sell[i]=sell[j];
9               sell[j]=temp;
10          }
11          else if(strcmp(sell[i].mc,sell[j].mc)==0)           /* 若产品名称相同*/
12              if(sell[i].je>sell[j].je)                /* 则按金额从小到大进行排列*/
13              {   temp=sell[i];
14                  sell[i]=sell[j];
15                  sell[j]=temp;
16              }
17  }
```

【模板速记】

记忆口诀:一定义二循环三比较。定义指定义变量,循环指循环语句,比较是比较记录成员大小及交换,详见模板一。做题时,需灵活应用模板,切勿死记硬背。

【易错提示】结构型数据对成员的访问用"."成员运算符;两个字符串的比较用字符串比较函数strcmp。

【举一反三】在实际考试中,可能会稍微变化一下来考查,如题目要求变为:按金额从大到小进行排列,若金额相同,则按产品代码从大到小进行排列。对照模板可知,只需在解题时的"条件1"、"假设"及"条件2"做相应变化即可。所以,对于本类题型,考生只需正确理解题目的意思及相关算法,灵活应用本题所给模板。

与本题类型相似的题目有:第26、27、28、66、76、77、78、79、80套。这些题目都可以使用模板一来解题。本题对应软件中视频串讲第1讲。

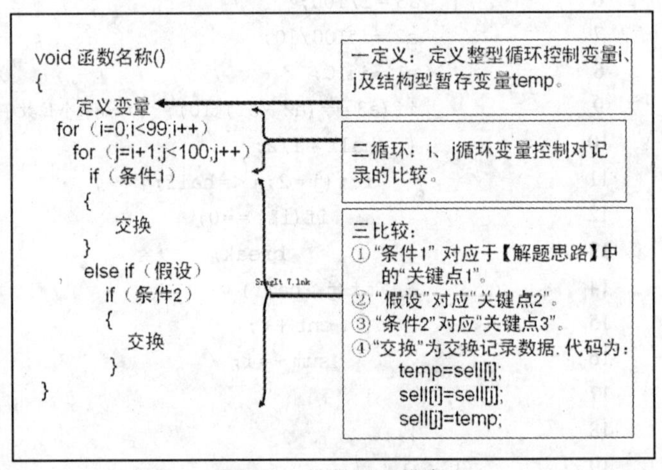

模板一　销售记录排序

第7套　参考答案及解析

【考点分析】本题考查对多个整数的筛选及排序。考查的知识点主要包括:*多位整数的分解算法、逻辑表达式、数组排序算法*。

【解题思路】此题属于4位数的筛选类题,并且需先求出各位数的数字,再筛选排序。解此类题目需主要解决3个问题:**问题1**如何取得4位数的各个数位数字;**问题2**如何通过条件(本题为千位数字加个位数字等于百位数字加十位数字)筛选出满足条件的数;**问题3**如何对数组中的数进行排序。

本题的解题思路为:先求出每个数的各位数字,再根据各位数字筛选出满足条件的数存入新的数组中,最后对新数组进行排序。对于**问题1**,通过算术运算取余和整除可以分解得到4位数的各个数位上的数字;对于**问题2**,通过if条件判断语句和逻辑表达式可以实现;对于**问题3**,排序可以通过循环嵌套的起泡法来完成。

在求各位数的数字时,先将每个数进行取整运算求出千位数,再将该数取余除100取整得出百位数,然后将该数取余除10取整得出十位数,最后将该数取余得出个位数。

【参考答案】

```
1      void jsValue()
2      {   int i,j;
3          int a1,a2,a3,a4;
4          int temp;
5          for(i=0;i<300;i++)
6          {   a4=a[i]/1000;                  /* 求四位数的千位数字* /
7              a3=a[i]%1000/100;              /* 求四位数的百位数字* /
8              a2=a[i]%100/10;                /* 求四位数的十位数字* /
9              a1=a[i]%10;                    /* 求四位数的个位数字* /
10             if(a4+a1==a3+a2)               /* 如果千位数字加个位数字等于百位数字加十位数字* /
11             {   b[cnt]=a[i];               /* 将满足条件的数存入数组b中* /
12                 cnt++;                     /* 统计满足条件的数的个数cnt* /
13             }
14         }
15         for(i=0;i<cnt-1;i++)               /* 用起泡法对数组b的4位数按从小到大的顺序排序* /
16             for(j=i+1;j<cnt;j++)
17                 if(b[i]>b[j])
18                 {
19                   temp=b[i];
20                        b[i]=b[j];
21                        b[j]=temp;
22                 }
23     }
```

【模板速记】

记忆口诀:一定义二筛选三排序。定义指定义相关变量,筛选是筛选出满足条件的数,排序则是按照要求对数组排序。详见模板二。做题时,需灵活应用本模板,切勿死记硬背。

【易错提示】分解4位数时算术运算符的使用;4位数条件判断时if语句中的条件表达式;起泡法排序时的条件。

【举一反三】在实际考试中,可能会稍微变化一下来考查,如题目要求变为:千位数字加百位数字等于十位数字加个位数字,或者最后排序时按照从大到小进行排列。对照模板可知,只需在解题时的"条件1"或"条件2"做相应变化即可。所以,对于本类题型,考生需正确理解题目的意思及相关算法,灵活应用本题所给模板。

与本题类型相似的题目有:第21、22、29、30、67、71、72、73、75、86、93套。这些题目都可以根据模板二来解题。本题对应软件中视频串讲第2讲。

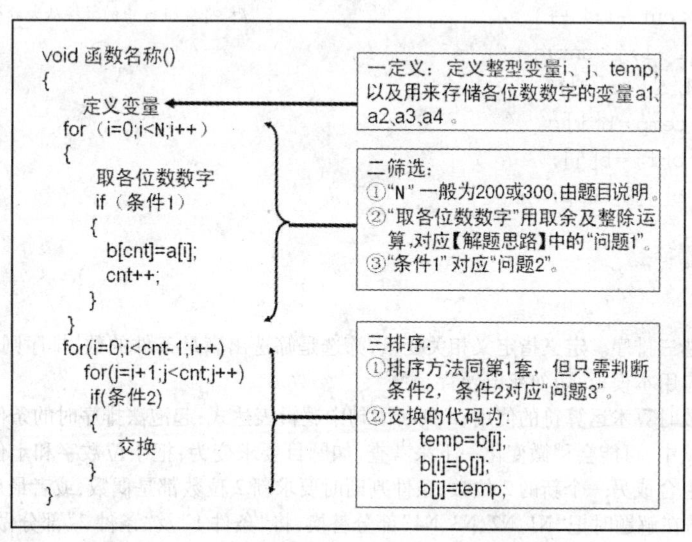

模板二　4位数筛选(1)——根据各位数数字排序

第8套 参考答案及解析

【考点分析】本题考查对多个整数的筛选及排序。考查的知识点主要包括：*多位整数的分解算法、逻辑表达式、数组排序算法*。

【解题思路】此题属于4位数的筛选类题，并且需将各位数组成新的2位数，再筛选排序。解题时，需主要解决4个问题：**问题**1如何取得4位数的各个数位数字；**问题**2如何按照要求组成新的2位数字ab（本题为千位数字与十位数字），以及cd（本题为个位数字与百位数字）；**问题**3如何通过判断条件（ab - cd >= 0，ab - cd <= 10，ab和cd都为奇数，ab和cd都不为0）筛选出满足条件的数，并统计出满足条件的数的个数；**问题**4如何对数组中的数进行从小到大的排序。

本题的解题思路为：先求出每个数的各位数字，再根据各位数数字组成2位数的条件筛选出满足要求的数存入新的数组中，最后对新数组进行排序。本类题和前一类题的不同之处在于筛选的判断条件不同。**问题**2由加法和乘法得出的各位数字组成新的2位数（本题为：ab = 10 × a4 + a2，cd = 10 × a1 + a3）。**问题**3的条件可以由逻辑表达式实现（本题为：(ab - cd) >= 0&&(ab - cd) <= 10&&ab%2 == 1&&cd%2 == 1&&a4! =0&&a1! =0）。

【参考答案】

```
1   void jsVal()
2   {  int i,j;                                  /* 定义循环控制变量* /
3      int a1,a2,a3,a4;                          /* 定义变量保存4位数的每位数字* /
4      int temp;                                 /* 定义数据交换时的暂存变量* /
5      int ab,cd;                                /* 存储重新组合成的2位数* /
6      for(i=0;i<200;i++)                        /* 逐个取每一个4位数* /
7      {  a4=a[i]/1000;                          /* 求4位数的千位数字* /
8         a3=a[i]%1000/100;                      /* 求4位数的百位数字* /
9         a2=a[i]%100/10;                        /* 求4位数的十位数字* /
10        a1=a[i]%10;                            /* 求4位数的个位数字* /
11        ab=10* a4+a2;                 /* 把千位数字和十位数字重新组成一个新的2位数ab* /
12        cd=10* a1+a3;                 /* 把个位数字和百位数字组成另一个新的2位数cd* /
13        if((ab-cd)>=0&&(ab-cd)<=10&&ab%2==1&&cd%2==1&&a4!=0&&a1!=0)
14        /* 如果ab-cd>=0且ab-cd<=10且两个数均是奇数,同时两个新2位数的十位上的数字均不为0* /
15        {    b[cnt]=a[i];                      /* 则把满足条件的数存入数组b中* /
16             cnt++;                            /* 统计满足条件的数的个数* /
17        }
18     }
19  for(i=0;i<cnt-1;i++)                      /* 将数组b中的数按从大到小的顺序进行排列* /
20     for(j=i+1;j<cnt;j++)
21        if(b[i]<b[j])
22        {  temp=b[i];
23           b[i]=b[j];
24           b[j]=temp;
25        }
26  }
```

【模板速记】

记忆口诀：一定义二筛选三排序。定义指定义相关变量，筛选是筛选出满足条件的数，排序则是按照要求对数组排序，详见模板三。做题时，需灵活应用本模板，切勿死记硬背。

【易错提示】分解4位数时算术运算符的使用；if判断语句中逻辑表达式；起泡法排序时的条件。

【举一反三】在实际考试中，可能会稍微变化一下来考查，如题目要求变为：把千位数字和十位数字重新组成一个新的2位数，百位数字和十位数字组合成另一个新的2位数，条件判断时要求新2位数都是偶数，或者最后排序时按照从小到大进行排列等。对照模板可知，只需在解题时把“N1、N2、N3、N4”部分替换，将“条件1”及“条件2”部分做相应变化即可。所以，对于本类题型，考生需正确理解的题目意思及相关算法，灵活应用本题所给模板。

与本题类型相似的题目有：第24、25、36、68、87、88、89套。这些题目都可以根据模板三来解题。本题对应软件中视频串讲第3讲。

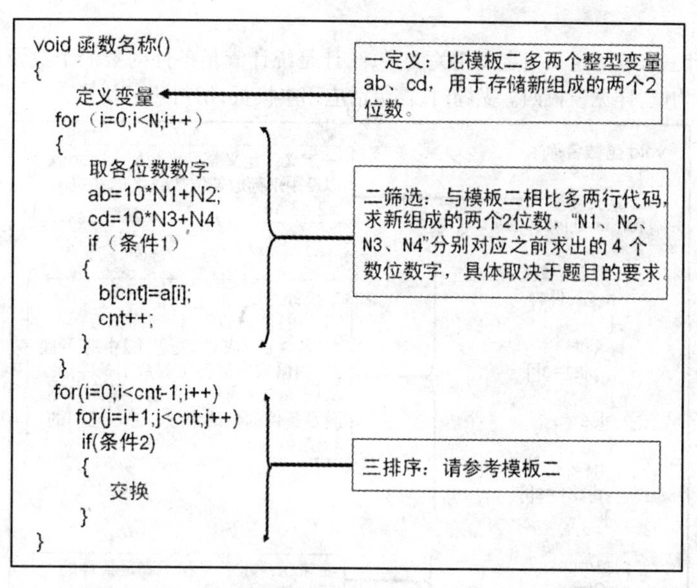

模板三　4位数筛选(2)——组成2位数再筛选排序

第9套　参考答案及解析

【考点分析】本题考查对多个整数的筛选，以及求平均值。考查的知识点主要包括：**多位整数的分解算法、逻辑表达式、平均值的计算方法**。

【解题思路】此题属于4位数的筛选题型，并且涉及统计及平均值问题。解题时，需主要解决3个问题：**问题**1如何取得4位数的各个数位数字；**问题**2如何通过判断条件（本题为千位数上的数加百位数上的数等于十位数上的数加个位数上的数）对目标进行筛选，再分别统计出满足和不满足条件的数的和及数目；**问题**3分别求出两类数的平均值。

本题与上题解题思想相同，不同之处在于问题2的判断条件改为：千位数上的数加百位数上的数等于十位数上的数加个位数上的数（a4 + a3 = a2 + a1）。

【参考答案】

```
1   void jsValue()
2   {  int i,n=0;                          /* 定义循环变量和计数器变量* /
3      int a1,a2,a3,a4;                    /* 定义变量保存4位数的每位数字* /
4      for(i=0;i<300;i++)                  /* 逐个取每一个4位数* /
5      {  a4=a[i]/1000;                    /* 求4位数的千位数字* /
6         a3=a[i]%1000/100;                /* 求4位数的百位数字* /
7         a2=a[i]%100/10;                  /* 求4位数的十位数字* /
8         a1=a[i]%10;                      /* 求4位数的个位数字* /
9         if(a4+a3==a2+a1)                 /* 如果千位数字加百位数字等于十位数字加个位数字* /
10        {  cnt++;                        /* 统计满足条件的数的个数* /
11           pjz1+=a[i];                   /* 对满足条件的数求和* /
12        }
13        else
14        {  n++;                          /* 否则统计不满足条件的数的个数* /
15           pjz2+=a[i];                   /* 对不满足条件的数求和* /
16        }
17     }
18     pjz1/=cnt;                          /* 求满足条件的数的平均值* /
19     pjz2/=n;                            /* 求不满足条件的数的平均值* /
20  }
```

【模板速记】

记忆口诀：一定义二统计三求值。定义指定义相关变量，统计是统计满足条件的数的个数及求出和值，求值是分别求出满足和不满足条件的数的平均值，详见模板四。做题时，需灵活应用本模板，切勿死记硬背。

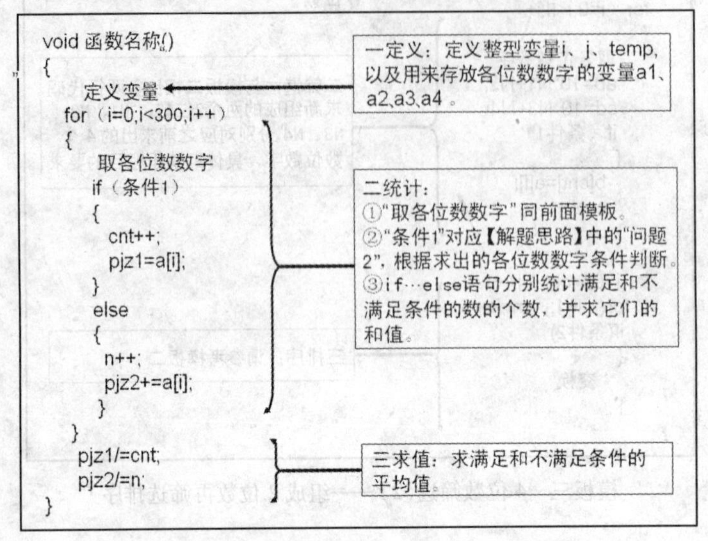

模板四 4位数筛选(3)——统计及求平均值

【易错提示】分解4位数时算术运算符的使用；if判断语句中的逻辑表达式。

【举一反三】在实际考试中，可能会稍微变化一下来考查，如题目要求变为：条件判断时要求的是个位数减千位数减百位数减十位数的结果大于0。对照模板可知，只需在解题时对"条件1"部分做相应变化即可。所以，对于本类题型，考生需正确理解题目的意思及相关算法，灵活应用本题所给模板。

与本题类型相似的题目有：第37、69、94套。这些题目都可以根据模板四来解题。本题对应软件中视频串讲第4讲。

第10套 参考答案及解析

【考点分析】本题考查对整数的筛选，以及数组排序。考查的知识点主要包括：C语言循环结构、逻辑表达式、数组排序。

【解题思路】此题属于4位数的筛选题型。分析题干要求，本题要求实现jsVal()函数的功能，归纳可以得出2个问题：问题1如何通过判断条件（该4位数连续小于该4位数以后的5个数且该数是偶数）筛选出满足条件的数，同时统计其个数；问题2如何将这些数按照从小到大的顺序排列。

通过问题分析，得出解此题的思路为：先根据题目中的条件筛选出满足条件的数并存入新的数组中，再对新数组进行排序。对于问题1通过if条件判断语句和逻辑表达式可以实现；问题2排序可以通过循环嵌套的起泡法实现。

【参考答案】

```
1       void jsVal()
2       {   int i,j;                                          /* 定义循环控制变量* /
3           int temp;                                         /* 定义数据交换时的暂存变量* /
4           for(i=0;i<MAX-5;i++)                              /* 逐个取每个4位数* /
5               if(a[i]<a[i+1]&&a[i]<n[i+2]&&a[i]<
                  a[i+3]&&a[i]<a[i+4]&&a[j]<a[i+5]&&a[i+1]%2==0)  /* 如果当前数是偶数* /
6                   {   b[cnt]=a[i];                          /* 将满足条件的数存入数组b中* /
7                       cnt++;                                /* 并统计满足条件的数的个数* /
8                   }
9               }
10          for(i=0;i<cnt-1;i++)              /* 利用起泡法对数组b中的元素按从小到大的顺序进行排序* /
11              for(j=i+1;j<cnt;j++)
12                  if(b[i]>b[j])
13                      {   temp=b[i];
14                          b[i]=b[j];
15                          b[j]=temp;
```

```
16                }
17          }
```

【模板速记】

记忆口诀：一定义二筛选三排序。定义指定义相关变量，筛选指选出满足条件的数并存入数组，排序指按照要求排序，详见模板五。做题时，需灵活应用本模板，切勿死记硬背。

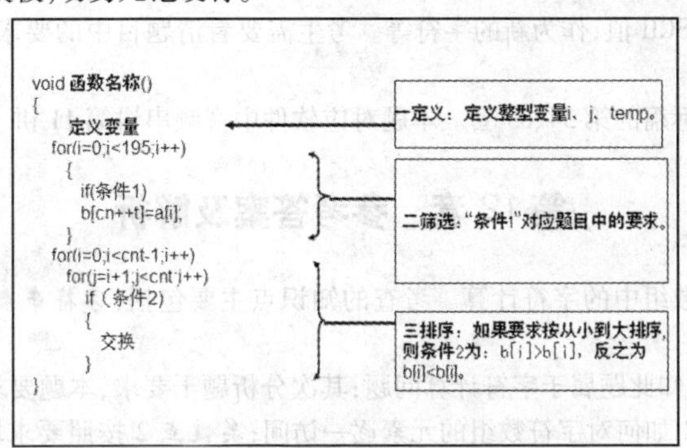

模板五　4位数的筛选(4)——4位数之间的比较

【易错提示】循环嵌套的循环控制条件；if判断语句中的逻辑表达式；数组排列的顺序。

【举一反三】在实际考试中，可能会稍微变化一下来考查，如题目要求变为：条件判断要求该数连续大于其前面的5个数且该数为偶数，或者最后要求按照从大到小的顺序进行排列。对照模板可知，只需在解题时按照模板对"条件1"、"条件2"、"条件3"、"条件4"、"循环控制条件1"和"循环控制条件2"部分做相应变化即可。所以，对于本类题型，考生只需正确理解题目意思及相关算法，灵活应用本题所给模板。

与本题类型相同的题目有：达标篇的第40、70、100套。这些题目都可以参照模板五来解题。本题对应软件中视频串讲第5讲。

第11套　参考答案及解析

【考点分析】本题考查对字符数组中的字符进行计算及替换。考查的知识点主要包括：*字符串数组的访问、字符ASCII码的位运算、if判断结构及逻辑表达式*。

【解题思路】首先通读题目，得知此题属于字符计算问题；其次分析题干要求，本题要求实现StrCharJL()函数的功能，分析后可以归纳出3个关键点：*关键点*1如何对字符数组的元素逐一访问；*关键点*2如何对字符的ASCII码做左移的位运算；*关键点*3如何根据条件(移位后的ASCII值小于等于32或大于100)对计算结果进行判断，并分别对满足与不满足条件的情况进行处理。接着分析每一步的解决方法。对于*关键点*1可以先通过字符串处理函数strlen获取字符串的长度，再通过获得的长度使用下标法对字符数组的元素逐一访问；*关键点*2通过直接对字符的ASCII码进行位运算即可实现；*关键点*3通过if判断结构和逻辑表达式即可实现功能。

【参考答案】

```
1     void StrCharJL(void)
2     {  int i,j;                                          /* 定义循环控制变量 */
3        int str;                                          /* 用来存储每行字符串的长度 */
4        char ch;                                          /* 保存当前取得的字符 */
5        for(i=0;i<maxline;i++)                            /* 以行为单位获取字符 */
6        {  str=strlen(xx[i]);                             /* 求得当前行的字符串长度 */
7           for(j=0;j<str;j++)
8           {  ch=xx[i][j]<<4;                             /* 获取当前字符 */
9              if(ch<=32 || ch>100)      /* 如果左移4位后字符的ASCII值小于等于32或大于100 */
10
11                continue;                                /* 则原字符保持不变 */
12             else
13                xx[i][j]+=ch;              /* 否则把左移后的字符ASCII值加上原字符 */
```

```
14            }
15        }
16    }
```

【易错提示】根据字符ASCII码的位计算；if判断语句中的逻辑表达式。

【举一反三】在实际考试中，可能会稍微变化一下来考查，如题目要求改变成：把字符的ASCII值右移4位，然后把右移后的字符的ASCII值加上原字符的ASCII值，作为新的字符等。考生需要看清题目中的要求，将参考答案中的对字母进行计算部分的代码进行一定的调整。

与本题类型相似的题目有：达标篇的第34、63套。本题对应软件中视频串讲第11讲。

第12套　参考答案及解析

【考点分析】本题考查对字符数组中的字符计算。考查的知识点主要包括：**字符串数组的访问、字符ASCII码的算术运算、if判断结构及逻辑表达式**。

【解题思路】首先通读题目，得知此题属于字符计算问题；其次分析题干要求，本题要求实现ChA(void)函数的功能，分析后可以归纳出3个关键点：**关键点**1如何对字符数组的元素逐一访问；**关键点**2按照要求取每个位置的字符和下一个字符相加，并将结果作为该位置上的新字符。需要注意的是，末尾位置的新字符是该位原字符和第1个原字符相加的结果；**关键点**3最后要将所得的结果逆序保存。

接着分析每一步的解决方法。对于**关键点**1可以先通过字符串处理函数strlen获取字符串的长度，再通过获得的长度用下标法对字符数组的字符元素逐一访问；**关键点**2在遍历访问字符时，可以直接取下一个位置的字符进行运算，在进行计算之前，需要首先保存第1个位置的字符，以作为计算最后位置新字符的条件；**关键点**3通过for循环对数组从首尾同时遍历的算法即可实现。

【参考答案】

```
1   void ChA(void)
2   {   int i,j,k;                                   /* 定义循环控制变量* /
3       int str;                                     /* 存储字符串的长度* /
4       char ch,temp;                                /* 定义字符暂存变量* /
5       for(i=0;i<maxline;i++)                       /* 以行为单位获取字符* /
6       {   str=strlen(xx[i]);                       /* 求得当前行的字符串长度* /
7           ch=xx[i][0];                             /* 将第1个字符暂存入ch* /
8           for(j=0;j<str-1;j++)
9                        /* 将该字符的ASCII值与下一个字符的ASCII值相加,得到新的字符* /
10              xx[i][j]+=xx[i][j+1];
11              xx[i][str-1]+=ch;       /* 将最后一个字符的ASCII值与第1个字符的ASCII值相加,得到最后一
12                                         个新的字符* /
13              for(j=0,k=str-1;j<str/2;j++,k--)
14              {                        /* 将字符串逆转后仍按行重新存入字符串数组xx中* /
15                  temp=xx[i][j];
16                  xx[i][j]=xx[i][k];
17                  xx[i][k]=temp;
18              }
19      }
20  }
```

【易错提示】最后一个字符的计算；逆序存储算法的选择。

【举一反三】在实际考试中，可能会稍微变化一下来考查，如题目要求改变成：把字符串的最后一个字符加倒数第2个字符作为最后位置的新字符，依次类推，一直处理到第2个字符等。考生需要看清题目中的要求，将参考答案中对应部分的代码进行一定的调整。

第13套　参考答案及解析

【考点分析】本题考查对字符串的查找和统计。考查的知识点包括：**字符串的访问方法、C语言循环嵌套结构**。

【解题思路】首先通读题目,得知此题属于字符串处理问题;其次分析题干要求,本题要求实现 findStr(char *str,char *sunstr)函数,该函数需要实现在一个字符串中查找另一个字符串,并统计出现次数的功能,分析后可以归纳出实现功能的3个关键点:关键点1如何实现对字符串中字符的遍历;关键点2如何实现对子字符串的查找功能;关键点3如何统计子字符串出现的次数。

本题的解题思路为:关键点1使用循环和指针的方式可以实现对字符串的访问;关键点2通过嵌套的循环可以实现查找功能,具体方法是:外层循环控制对主串的遍历,内层是对子串的遍历,当主串中当前字符和子串第1个字符相同时,继续判断其后的字符是否和子串的下一个字符相同,依次类推,则每次内层循环遍历过子串就表示找到一次;关键点3每找到一次子串的同时,累加一个记数器,作为出现次数的统计结果。

【参考答案】

```
1   int findStr(char * str,char * substr)
2   {  int n=0;                          /* 定义计数器变量,统计出现次数* /
3      char * p,* r;                     /* 定义指针变量来分别指向两个字符串* /
4      while(* str)                      /* 如果字符串没有结束,则一直循环下去* /
5      {    p=str;                       /* 指针p指向字符串首地址* /
6           r=substr;                    /* 指针r指向子字符串首地址* /
7           while(* r)                   /* 若子字符串没有结束,则循环继续* /
8               if(* r==* p)             /* 如果子字符串的第1个字符等于字符串中的该字符* /
9               {   r++;                 /* 则继续比较下一个字符* /
10                  p++;
11              }
12              else
13                  break;               /* 否则退出循环* /
14          if(* r=='\0')                /* 如果子字符串在主串中出现了一次* /
15              n++;                     /* 则n加1,进行统计* /
16          str++;                       /* 指向字符串中的下一个字符* /
17     }
18     return n;                         /* 返回统计结果n* /
19  }
```

【易错提示】遍历字符串时指针的使用;查找子串的算法使用。

【举一反三】在实际考试中,可能会稍微变化一下来考查,如题目要求变为:首先要求按照4位数的后3位进行升序排列,当后3位相等时,则按照原始4位数的大小进行降序排列等。考生需要读懂题意,针对实现函数功能的关键点认真选择可行的方法。

第14套　参考答案及解析

【考点分析】本题考查对字符数组中的字符排序。考查的知识点包括:字符串数组的访问、数组排序算法。

【解题思路】首先通读题目,得知此题属于字符排序问题;其次分析题干要求,本题要求实现 SortCharD()函数,该函数需要实现将字符数组中的元素排序的算法。分析后可以归纳出实现该功能的关键点是:如何按照字符从大到小的顺序对数组中的字符进行排序。这可以通过循环嵌套的起泡法来实现。

【参考答案】

```
1   void SortCharD()
2   {  int i,j,k;                                /* 定义循环控制变量* /
3      int str;                                  /* 存储字符串的长度* /
4      char temp;                                /* 定义数据交换时的暂存变量* /
5      for (i=0;i<maxline;i++)                   /* 以行为单位获取字符* /
6      {   str=strlen(xx[i]);                    /* 求得当前行的字符串长度* /
7          for(j=0;j<str-1;j++)                  /* 对字符按从大到小的顺序进行排序* /
8              for(k=j+1;k<str;k++)
9                  if(xx[i][j]<xx[i][k])
10                 {   temp=xx[i][j];
11                     xx[i][j]=xx[i][k];
12                     xx[i][k]=temp;
```

```
13          }
14      }
15  }
```

【易错提示】排序时 if 结构中的逻辑表达式。

【举一反三】在实际考试中,可能会稍微变化一下来考查,如题目要求变为:对字符按照从小到大的顺序排列等。考生需要读懂题意,针对实现函数功能的关键点认真选择可行的方法。

与本题类型相同的题目有:第 38、53 套。本题对应软件中视频串讲第 12 讲。

第 15 套　参考答案及解析

【考点分析】本题考查选票的统计。考查的知识点主要包括:C 语言循环结构、if 条件判断结构、逻辑表达式和二维数组操作。

【解题思路】首先通读题目,得知此题属于选票的统计题型;其次分析题干要求,本题要求实现 CountRs(void)函数的功能,该函数需要统计出 100 条选票数据,并将统计结果存入数组 yy 中;接着归纳出本题的 2 个关键点:关键点 1 如何统计每张选票的选择情况;关键点 2 根据题目给出的条件(一张选票选中人数小于等于 5 个人时则被认为无效)判断选票是否有效。

本题的解题思路为:首先,对数组 yy 元素初始化为 0;然后通过一个循环嵌套结构依次判断每张选票数据的 10 个选举标志和每张选票的投票数量。对于不满足条件的选票数据直接跳过,并统计有效选票的投票情况到数组 yy 中。

【参考答案】

```
1   void CountRs(void)
2   {  int i,j;                                   /* 定义循环控制变量* /
3      int cnt;                  /* 用来存储每张选票中选中的人数,以判断选票是否有效* /
4      for(i=0;i<10;i++)                          /* 初始化数组 yy* /
5         yy[i]=0;
6      for(i=0;i<100;i++)                         /* 依次取每张选票进行统计* /
7      {  cnt=0;                                  /* 初始化计数器变量* /
8         for(j=0;j<10;j++)                       /* 统计每张选票的选中人数 cnt* /
9            if(xx[i][j]=='1')
10              cnt++;
11        if(cnt>5)                               /* 当 cnt 值大于 5 时为有效选票* /
12        {  for(j=0;j<10;j++)                    /* 统计有效选票* /
13              if(xx[i][j]=='1')
14                 yy[j]++;
15        }
16     }
17  }
```

【模板速记】

记忆口诀:一定义二初始化三统计。定义指定义相关变量,初始化指初始化数组,统计是统计每个人选票的数量,详见模板七。做题时,需灵活应用本模板,切勿死记硬背。

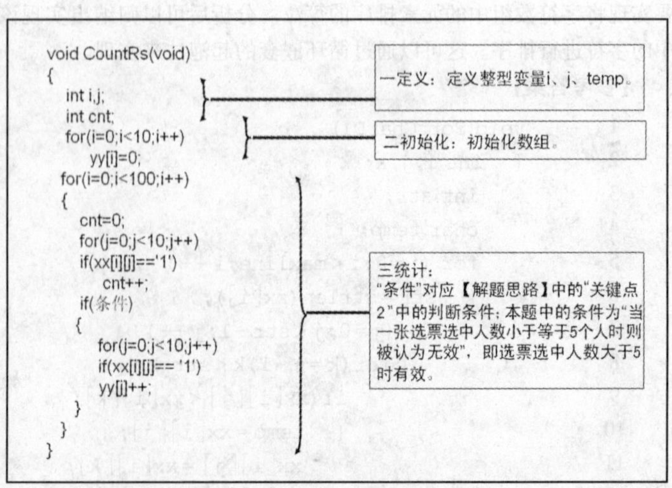

模板七　选票问题

【易错提示】数组 yy 未初始化;判断选票是否有效的逻辑表达式错误

【举一反三】在实际考试中,可能会稍微变化一下来考查,如题目要求改变成:全选或全不选的选票为无效选票或一张选票选中人数大于 5 则为无效选票等。对照模板可知,只需在解题时对"条件"部分的逻辑表达式做相应变化即可。所以,对于本类题型,考生需正确理解题目意思及相关算法,灵活应用本题所给模板。

与本题类型相同的题目有:第 55、65 套。这些题目都可以使用模板七来解题。本题对应软件中视频串讲第 13 讲。

第 16 套　参考答案及解析

【考点分析】本题考查著名的“约瑟夫环”问题。考查的知识点主要包括:C 语言循环结构、数组的访问。

【解题思路】此题属于结构体的筛选排序问题。分析题干要求,可以归纳出 4 个关键点:关键点 1 通过条件“每组数据中第 2 个数大于第 1 个数和第 3 个数之和”对每组数据进行判断;关键点 2 保存满足条件的数到新数组中并统计其数量;关键点 3 对新数组中的数再按照第 2 个数和第 3 个数之和的大小进行降序排列;关键点 4 函数的返回值为之前统计的满足的数据的组数。

本题的解题思路为:首先通过 if 判断结构和逻辑表达式实现对所有结构的筛选、保存并统计满足条件的数据的个数,然后通过起泡法完成排序,最后调用函数返回组数。

【参考答案】

```
1   int jsSort()
2   {   int i,j;                                   /* 定义循环控制变量* /
3       int cnt =0;                                /* 定义计数器变量* /
4       Data temp;                                 /* 定义数据交换时的暂存变量 * /
5       for(i =0;i <200;i ++)
6         if(aa[i].x2 >aa[i].x1 +aa[i].x3)      /* 如果第 2 个数大于第 1 个数加第 3 个数之和* /
7         {   bb[cnt] =aa[i];                      /* 则把该组数据存入结构数组 bb 中* /
8             cnt ++;                              /* 同时统计满足条件的数据的个数* /
9         }
10      for(i =0;i <cnt -1;i ++)   /* 对结构数组 bb 中的数据按照每组数据的第 2 个数加第 3 个数之和的大小进行降
                                   序排列* /
11        for(j =i +1;j <cnt;j ++)
12          if(bb[i].x2 +bb[i].x3 <bb[j].x2 +bb[j].x3)
13          {   temp =bb[i];
14              bb[i] =bb[j];
15              bb[j] =temp;
16          }
17      return cnt;                                /* 返回满足条件的数据的组数* /
18  }
```

【易错提示】第 i 个人是否报数到 m;用表达式(s1 +m -1)%i 判断。

第 17 套　参考答案及解析

【考点分析】本题考查对多个整数的筛选、统计,以及求平均值。考查的知识点主要包括:多位整数的分解算法、逻辑表达式、求平均值的算法。

【解题思路】本题是数学类题。本题的解题思路是:首先利用一个 for 循环来依次从数组中取得各数,由于题目要求数组中正整数的个数,如果取得的数大于 0,这时就给变量 totNum(正整数的个数)累加 1,然后把该正整数右移一位后的结果临时保存在变量 data 中,再判断产生的新数是否是偶数。如果是,就给变量 totCnt(符合判断条件的正整数个数)累加 1,并把原数的值累加到变量 totPjz 中,当所有符合判断条件的数都被找出后,再对 totPjz 求平均值。

【参考答案】

```
1   void CalValue(void)
2   {   int i;                           /* 定义循环控制变量* /
3       int data;                        /* 用于保存处理后产生的新数* /
4       for(i =0;i <200;i ++)            /* 逐个取数组 xx 中的数进行统计* /
5         if(xx[i] >0)                   /* 判断是否正整数* /
6         {   totNum ++;                 /* 统计正整数的个数* /
7             data =xx[i] >>1;           /* 将数右移一位* /
```

```
8          if(data%2 ==0)                          /* 如果产生的新数是偶数* /
9              {   totCnt ++;                      /* 统计这些数的个数* /
10                 totPjz +=xx[i];                 /* 并将满足条件的原数求和* /
11             }
12         }
13     totPjz/ =totCnt;                            /* 求满足条件的这些数(右移前的值)的算术平均值* /
14 }
```

【易错提示】分解4位数时算术运算符的使用;4位数条件判断时if语句中的条件表达式。

【举一反三】在实际考试中,可能会稍微变化一下来考查。如题目要求变为:各个数位数字的和是奇数。考生只需看清题目中的要求,将参考答案中的逻辑表达式做相应变动即可。

与本题类型相似的题目有:第84套。

第18套　参考答案及解析

【考点分析】本题考查对多个整数的筛选、统计,以及计算平均值,考查的知识点主要包括:*多位整数的数位分解算法、逻辑表达式、求平均值的算法*。

【解题思路】首先通读题目,得知此题属于4位数的筛选题型;其次分析题干要求,本题要求补充main中空白部分,进一步分析,可以归纳出3个关键点:*关键点*1如何找出数组中最大数的值并统计其个数;*关键点*2如何通过条件(可以被7或3整除)在数组中筛选出满足条件的数;*关键点*3如何计算平均值。

本题的解题思路为:对于*关键点*1通过循环使用起泡法找出其中最大的数,同时统计其个数;*关键点*2通过if判断结构和逻辑表达式可以实现;*关键点*3通过之前找到满足条件的数的和及其个数计算出平均值。

【参考答案】

```
1   void main()
2   {   int i,k,cnt,xx[N],max;
3       float pj;
4       FILE * fw;
5       long j =0;
6       system("CLS");
7       fw=fopen("OUT.DAT","w");
8       read_dat(xx);
9       max =xx[0];
10      for(i =0,k =0;i <N;i ++)
11      {   if(xx[i] >max)
12              max =xx[i];                                /* 求出数组xx中最大数max* /
13          if(xx[i]%3 ==0 ||xx[i]%7 ==0)                  /* 如果该数可以被3或7整除* /
14          {   j +=xx[i];                                 /* 求和* /
15              k ++;
16          }
17      }
18      for(i =0,cnt =0;i <N;i ++)
19          if(xx[i] ==max)
20      cnt ++;                                  /* 统计数组xx中最大数max的个数* /
22      pj = (float)(j* 100/k)/100;              /* 求出能被3整除或能被7整除的数的平均值* /
23      printf("\n\nmax =%d,cnt =%d,pj =%6.2f\n",max,cnt,pj);
24      fprintf(fw,"%d\n%d\n%6.2f\n",max,cnt,pj);
25      fclose(fw);
26  }
```

【易错提示】对数进行筛选时的逻辑表达式。

【举一反三】在实际考试中,可能会稍微变化一下来考查,如题目要求变为:如何找出数组中最小数的值并统计其个数,或者找出可以同时被7和3整除的数等。考生只需看清题目中的要求,将参考答案中的逻辑表达式做相应变动即可。

与本题类型相似的题目有:第42、43套。本题对应软件中视频串讲第9讲。

第19套　参考答案及解析

【考点分析】本题考查对字符数组中字符的计算和替换。考查的知识点主要包括:*字符串数组的访问、字符ASCII码的算术运算、if判断结构,以及逻辑表达式*。

【解题思路】此题属于字符计算问题。分析题干要求,可以归纳出3个关键点:*关键点*1如何对字符数组的元素逐个访问;*关键点*2如何根据给出的函数替代关系(f(p) = p * 11mod256)对字符进行计算;*关键点*3根据条件对计算结果进行判断,并分别对满足与不满足条件的情况进行处理。

解此类题的思路为:首先通过字符串处理函数strlen获取字符串的长度,根据获得的长度使用下标法逐一对字符数组的元素进行访问;然后按照题目给出的函数关系式直接对字符进行算术运算;最后通过if判断结构和逻辑表达式判断计算结果是否满足条件,分别对两种情况进行处理。

【参考答案】

```
1   void encryChar()
2   {
3       int i,j;                                    /* 定义循环控制变量 */
4       int str;                                    /* 存储字符串的长度 */
5       char ch;                                    /* 存储当前取得的字符 */
6       for(i=0;i<maxline;i++)                      /* 以行为单位获取字符 */
7       {   str=strlen(xx[i]);                      /* 求得当前行的字符串长度 */
8           for(j=0;j<str;j++)
9           {   ch=xx[i][j] * 11%256;               /* 依次取各行的所有字符 */
10              if(ch<=32 || (ch>='A' && ch<='Z'))
                          /* 如果计算的值小于等于32或对应的字符是大写字母 */
                    continue;                       /* 则不作改变 */
11              else
12                  xx[i][j]=ch;                    /* 否则用新字符取代原有字符 */
13          }
14      }
15  }
```

【模板速记】

记忆口诀:一定义二替换。定义指定义相关变量,替换指按题目要求及替代关系对字符替换。详见模板六。做题时,需灵活应用本模板,切勿死记硬背。

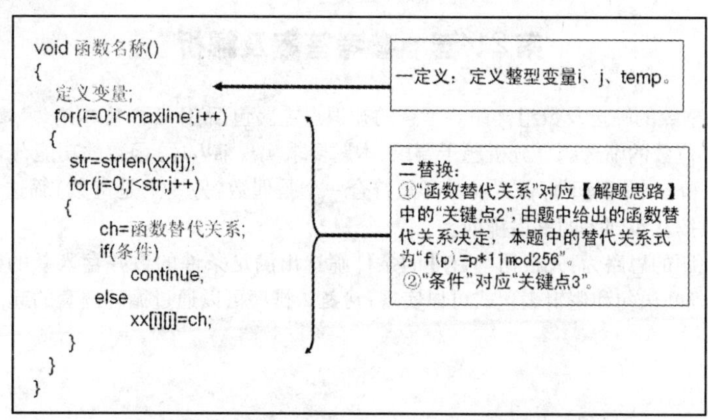

模板六　字符操作类(1)——字符串替代

【易错提示】根据函数替代关系对字符进行运算;if判断结构中的逻辑表达式。

【举一反三】在实际考试中,可能会稍微变化一下来考查,如题目要求变成:使用其他的函数关系式,或者计算结果的判断条件变为“计算后的值小于等于32或原字母是大写字母”等。对照模板可知，只需在解题时对“函数替代关系”、“条件”部分做相应变化即可。所以，对于本类题型，考生只需正确理解题目意思及相关算法，灵活应用本题所给模板。

与本题类型相似的题目有：第32、48、56、57、58、62、69、98、99套。这些题目都可以使用模板六来解题。本题对应软件中的视频串讲第10讲。

第20套　参考答案及解析

【考点分析】本题考查对字符串中字符的替换。考查的知识点主要包括：**字符串数组的访问、字符之间的比较和替换、if判断结构及逻辑表达式**。

【解题思路】此题属于字符替换题型。分析题干要求，可以归纳出2个关键点：**关键点**1如何实现对字符数组的元素逐一访问；**关键点**2如何根据条件（把所有的小写字母改写成该字母的下一个字母）对字符进行替换。

本题解题思路为：分析具体的解决方法。首先通过字符串处理函数strlen获取字符串的长度，然后根据获得的长度使用下标法对字符数组的元素逐一访问，判断每个字符是否小写，直接将字符替换为下一个字符。其中对于小写字母“z”，要将其替换成小写字母“a”，这些可以通过if判断结构和逻辑表达式来完成。

【参考答案】

```
1   void ConvertCharA(void)
2   {  int i,j;                                      /* 定义循环控制变量*/
3      int str;                                      /* 存储字符串的长度*/
4      for(i=0;i<maxline;i++)                        /* 以行为单位获取字符*/
5      {  str=strlen(xx[i]);                         /* 求得当前行的字符串的长度*/
6         for(j=0;j<str;j++)                         /* 逐个取得当前行的每一个字符*/
7            if(xx[i][j]>='a'&& xx[i][j]<='z')       /* 如果是小写字母*/
8               if(xx[i][j]=='z')
9                  xx[i][j]='a';                     /* 如果是小写字母z,则改写成字母a*/
10              else
11                 xx[i][j]+=1;                      /* 其他的小写字母则改写为该字母的下一个字母*/
12     }
13  }
```

【易错提示】对字符数组进行逐元素访问；if判断语句中的逻辑表达式。

【举一反三】在实际考试中，可能会稍微变化一下来考查，如题目要求变为：把字符串中所有的小写字母改成该字母的上一个字母。考生需要看清题目中的要求，将参考答案中的对字母进行替代时的操作进行一定的调整。

与本题类型相似的题目有：第59、60套。

3.2　达标篇

第21套　参考答案及解析

【考点分析】本题考查对整数的筛选及数组排序。考查的知识点主要包括：**C语言循环结构，逻辑表达式等**。

【解题思路】此题属于2位数的筛选题。分析题干要求，本题要求实现jsVal()函数的功能，归纳可以得出2个问题：**问题**1如何根据判断条件（数组a和b中相同下标位置的数必须符合一个是偶数，另一个是奇数）筛选出满足条件的数，同时统计其个数；**问题**2如何将这些数按从小到大的书序排列。

通过问题分析，得出解此题的思路为：先根据题目中的条件筛选出满足条件的数并存入新的数组中，再对新数组进行排序。对于**问题**1通过if条件判断语句和逻辑表达式可以实现；**问题**2排序可以通过循环嵌套的起泡法实现。

【参考答案】

```
1   void jsVal()
2   {
3      int i,j;                                      /* 定义循环变量*/
4      int temp;                                     /* 用于存储排序中的中间变量*/
5      for (i=0;i<=MAX-1;i++)                        /* 循环查找符合条件的元素*/
```

```
6        if (((a[i] %2 ==0) && (b[i] %2 ! =0)) || ((a[i] %2 ! =0) && (b[i] %2 ==0)))
7        { /* 判断数组a和b中相同下标位置的数是否符合一个是偶数,另一个是奇数* /
8            c[i] = (a[i] < <8) + b[i];              /* a[i]按二进制左移8位再加上b[i]* /
9            cnt + +;                                /* 记录c中个数* /
10       }
11   for (i =0;i <MAX - 1;i + +)                     /* 将C中的元素按从小到大顺序排列* /
12       for (j =0;j  <MAX - i - 1; j + +)
13           if (c[j] > c[j +1])
14           {
15               temp =c[j];
16               c[j] =c[j + 1];
17               c[j +1] =temp;
18           }
19   }
```

【易错提示】分解4位数算法的使用;对4位数筛选和排序时if结构中的逻辑表达式。

第22套　参考答案及解析

【考点分析】本题考查对多个整数的筛选及排序。考查的知识点主要包括:**多位整数的分解算法、逻辑表达式、数组排序算法**。

【解题思路】此题属于4位数的筛选类题型。解此题需主要解决3个问题:**问题**1如何取得4位数的各个数位数字;**问题**2如何通过条件(千位数字减百位数字减十位数字减个位数字大于0)筛选出满足条件的数;**问题**3如何按照要求(本题为从小到大的顺序)对数组中的数进行排序。

通过问题分析,得出解此题的思路为:先求出每个数的各位数字,再根据各数位数字筛选出满足条件的数并存入新的数组中,最后对新数组进行排序。对于**问题**1通过算术运算取余和除法可以分解得到4位数的各个数位上的数字;**问题**2通过if条件判断语句和逻辑表达式可以实现;**问题**3可以通过循环嵌套的起泡法来实现。

【参考答案】

```
1    void jsValue()
2    {   int i,j;                                    /* 定义循环控制变量* /
3        int a1,a2,a3,a4;                            /* 定义变量保存4位数的每位数字* /
4        int temp;                                   /* 定义数据交换时的暂存变量* /
5        for(i =0;i <300;i ++)                       /* 逐个取每一个4位数* /
6        {   a4 =a[i]/1000;                          /* 求4位数的千位数字* /
7            a3 =a[i]%1000/100;                      /* 求4位数的百位数字* /
8            a2 =a[i]%100/10;                        /* 求4位数的十位数字* /
9            a1 =a[i]%10;                            /* 求4位数的个位数字* /
10           if(a4 -a3 -a2 -a1 >0)
11           {                              /* 如果千位数字减百位数字减十位数字减个位数字大于0* /
12               b[cnt] =a[i];                       /* 则把该数存入数组b中* /
13               cnt ++;                             /* 统计满足条件的数的个数* /
14           }
15       }
16       for(i =0;i <cnt -1;i ++)                /* 对数组b的4位数按从小到大的顺序进行排序* /
17           for(j =i +1;j <cnt;j ++)
18               if(b[i] >b[j])
19               {   temp =b[i];
20                   b[i] =b[j];
21                   b[j] =temp;
22               }
23   }
```

【易错提示】分解4位数算法的使用；对4位数筛选和排序时if结构中的逻辑表达式。

第23套　参考答案及解析

【考点分析】本题考查对多个整数的筛选及统计。考查的知识点主要包括：*多位整数的分解算法、逻辑表达式*。

【解题思路】此题属于4位数的筛选类题型。解此题需主要解决2个问题：*问题*1如何取得4位数的各个数位数字；*问题*2如何通过条件（千位数字与百位数字之和等于个位数字与十位数字之差的10倍）筛选出满足条件的数并计算个数及和值。

分析题意"5000以下的自然数"，"该数存在千位数字"可知：本题的查找范围为"1000 <= i < 5000"。通过问题分析，得出解此题的思路为：先求出每个数的各位数字，再根据各数位数字筛选出满足条件的数，最后对满足条件的数进行统计个数和累加和的运算。对于*问题*1通过算术运算取余和除法可以分解得到4位数的各个数位上的数字；*问题*2通过if条件判断语句和逻辑表达式可以实现。

【参考答案】

```
1   void countValue()
2   {   int i;                                         /* 循环控制变量 */
3       int a1,a2,a3,a4;                               /* 定义变量保存4位数的每位数字 */
4       for(i =5000;i >=1000;i --)                     /* 依次取每一个数进行判断 */
5       {   a4 =i/1000;                                /* 求4位数的千位数字 */
6           a3 =i%1000/100;                            /* 求4位数的百位数字 */
7           a2 =i%100/10;                              /* 求4位数的十位数字 */
8           a1 =i%10;                                  /* 求4位数的个位数字 */
9           if(a4 +a3 ==a2 +a1 && a4 +a3 == (a1 -a4)* 10)
10          {                          /* 千位数字与百位数字之和等于十位数字与个位数字之和,
11                     且千位数字与百位数字之和等于个位数字与千位数字之差的10倍 */
12              cnt ++;                                /* 则统计满足条件的数的个数 */
13              sum +=i;                               /* 将满足条件的数求和 */
14          }
15      }
16  }
```

【易错提示】隐含条件"自然数查找范围"的分析；分解4位数算法的使用；对4位数筛选和排序时if结构中的逻辑表达式。

第24套　参考答案及解析

【考点分析】本题考查对多个整数的筛选，以及排序。考查的知识点主要包括：*多位整数的分解算法、逻辑表达式、数组排序算法*。

【解题思路】此题属于4位数的筛选类题，并且需将各位数组成新的2位数，再筛选排序。解题时，需主要解决4个问题：*问题*1如何取得4位数的各个数位数字；*问题*2如何按照要求组成新的2位数ab（本题为个位数字与千位数字），以及组成cd（本题为百位数字与十位数字）；*问题*3如何通过判断条件（本题为新组成的两个2位数均是奇数并且两个2位数中至少有一个数能被5整除，同时两个新十位数字均不为0）筛选出满足条件的数，并统计出满足条件的数的个数；*问题*4如何对数组中的数进行从大到小的排序。

通过问题分析，得出解此题的思路为：先求出每个数的各位数字，再根据各位数数字组成2位数的条件筛选出满足要求的数并存入新的数组中，最后对新数组进行排序。*问题*2由加法和乘法得出的各位数字组成新的2位数（本题为ab = 10 × a4 + a1，cd = 10 × a3 + a2），*问题*3的条件可以由逻辑表达式实现（本题为"ab%2 ==1 && cd%2 ==1 && (ab%5 ==0 || cd%5 ==0)&& a4! =0 && a3! =0"）。

【参考答案】

```
1   void jsVal()
2   {   int i,j;                                       /* 定义循环控制变量 */
3       int a1,a2,a3,a4;                               /* 定义变量保存4位数的每位数字 */
4       int temp;                                      /* 定义数据交换时的暂存变量 */
5       int ab,cd;                                     /* 存储重新组合成的2位数 */
6       for(i =0;i <200;i ++)                          /* 逐个取每一个4位数 */
```

```
7        {   a4 = a[i]/1000;                              /* 求 4 位数的千位数字* /
8            a3 = a[i]%1000/100;                          /* 求 4 位数的百位数字* /
9            a2 = a[i]%100/10;                            /* 求 4 位数的十位数字* /
10           a1 = a[i]%10;                                /* 求 4 位数的个位数字* /
11           ab = 10* a4 + a1;              /* 把千位数字和个位数字重新组成一个新的 2 位数* /
12           cd = 10* a3 + a2;                 /* 把百位数字和十位数字组成另一个新的 2 位数* /
13           if (ab%2 == 1 && cd%2 == 1 && (ab%5 == 0 || cd%5 == 0) && a4! = 0 && a3! = 0)
14           {   b[cnt] = a[i];         /* 如果这两个 2 位数均是奇数并且两个 2 位数中至少有一个数能被 5 整除,同
15                                      时两个新 2 位数的十位上的数字均不为 0* /
16                                                                /* 则把满足条件的数存入数组 b 中* /
17               cnt ++;                                          /* 并统计满足条件的数的个数* /
18           }
19       }
20
21       for(i = 0;i < cnt - 1;i ++)                      /* 将数组 b 中的数按从大到小的顺序排列* /
22           for(j = i + 1;j < cnt;j ++)
23               if(b[i] < b[j])
24               {   temp = b[i];
25                   b[i] = b[j];
26                   b[j] = temp;
27               }
28   }
```

【易错提示】分解 4 位数算法的使用;对 4 位数筛选和排序时 if 结构中的逻辑表达式。

第 25 套　参考答案及解析

【考点分析】本题考查对多个整数的筛选及排序。考查的知识点主要包括:*多位整数的分解算法、逻辑表达式、数组排序算法*。

【解题思路】此题属于 4 位数的筛选类题,并且需将各位数组成新的 2 位数,再筛选排序。解题时,需主要解决 4 个问题:**问题** 1 如何取得 4 位数的各个数位数字;**问题** 2 如何按照要求组成新的 2 位数字 ab(本题为千位数字与十位数字),以及组成 cd(本题为个位数字与百位数字);**问题** 3 如何通过判断条件(本题为新组成的两个 2 位数 ab - cd≥10 且 ab - cd≤20 且两个数均为偶数,同时两个新十位数字均不为 0)筛选出满足条件的数,并统计出满足条件的数的个数;**问题** 4 如何对数组中的数进行从大到小的排序。

通过问题分析,得出解此题的思路为:先求出每个数的各位数字,再根据各位数数字组成 2 位数的条件筛选出满足要求的数并存入新的数组中,最后对新数组进行排序;**问题** 2 由加法和乘法得出的各位数字组成新的 2 位数(本题为 ab = 10 * a4 + a2, cd = 10 * a1 + a3);**问题** 3 的条件可以由逻辑表达式实现(本题为"(ab - cd > = 10)&&(ab - cd < = 20)&&(ab%2 = = 0)&&(cd%2 = = 0)&&a4! = 0&&a1! = 0")。

【参考答案】

```
1    void jsVal()
2    {   int i,j;                                         /* 定义循环控制变量* /
3        int a1,a2,a3,a4;                                 /* 定义变量保存 4 位数的每位数字* /
4        int temp;                                        /* 定义数据交换时的暂存变量* /
5        int ab,cd;                                       /* 存储重新组合成的 2 位数* /
6        for(i = 0;i < 200;i ++)                          /* 逐个取每一个 4 位数* /
7        {   a4 = a[i]/1000;                              /* 求 4 位数的千位数字* /
8            a3 = a[i]%1000/100;                          /* 求 4 位数的百位数字* /
9            a2 = a[i]%100/10;                            /* 求 4 位数的十位数字* /
10           a1 = a[i]%10;                                /* 求 4 位数的个位数字* /
11           ab = 10* a4 + a2;     /* 十位数字是原 4 位数的千位数字,个位数字是原 4 位数的十位数字* /
```

```
12          cd = 10* a1 + a3;       /* 十位数字是原 4 位数的个位数字,个位数字是原 4 位数的百位数字* /
13          if((ab - cd >=10)&&(ab - cd <=20)&&(ab%2 ==0)&&(cd%2 ==0)&&a4! =0&&a1! =0)
    /* 如果 ab - cd≥10、ab - cd≤20 且两个数均为偶数,同时两个新 2 位数的十位上的数字均不为 0* /
14          {   b[cnt] =a[i];                                   /* 将满足条件的数存入数组 b 中* /
15              cnt ++;                                         /* 统计满足条件的数的个数* /
16          }
17      }
18      for(i =0;i <cnt -1;i ++)                  /* 将数组 b 中的 4 位数按从大到小的顺序排序* /
19          for(j =i +1;j <cnt;j ++)
20              if(b[i] <b[j])
21              {   temp =b[i];
22                  b[i] =b[j];
23                  b[j] =temp;
24              }
25  }
26
```

【易错提示】分解 4 位数算法的使用;对 4 位数筛选和排序时 if 结构中的逻辑表达式。

第 26 套　参考答案及解析

【考点分析】本题考查对结构体数组的排序,可以用起泡法来实现。考查的知识点包括:结构体成员运算、字符串比较符、数组排序。

【解题思路】本题属于销售记录类题型,此类题型主要考查对结构体数组的排序。解题时,应注意 3 个关键点:关键点 1 本题为按产品名称从大到小排序;关键点 2 本题为如果产品名称相同;关键点 3 本题为按金额从大到小排列。

本题在每次记录比较时,首先用字符串比较函数 strcmp 比较两个产品的名称,如果返回的值小于 0,则这两个产品进行数据交换;如果返回值等于 0,再比较两个产品的金额,如果前一个产品的金额小于后一个产品的金额,则这两个产品进行数据交换。

【参考答案】

```
1   void SortDat()
2   {   int i,j;                                            /* 定义循环控制变量* /
3       PRO temp;          /* 定义数据交换时的暂存变量(这里是 PRO 类型的结构体变量)* /
4       for(i =0;i <99;i ++)                                /* 利用起泡法进行排序* /
5           for(j =i +1;j <100;j ++)
6           if (strcmp(sell[i].mc,sell[j].mc) <0)        /* 按产品名称从大到小进行排列* /
7           {   temp =sell[i];
8               sell[i] =sell[j];
9               sell[j] =temp;
10          }
11          else if(strcmp(sell[i].mc,sell[j].mc) ==0)          /* 若产品名称相同,则按金额从大到
12                                                              小进行排列* /
13              if(sell[i].je <sell[j].je)
14              {   temp =sell[i];
15                  sell[i] =sell[j];
16                  sell[j] =temp;
17              }
18  }
```

【易错提示】结构型数据对成员的访问用“.”成员运算符;两个字符串的比较用字符串比较函数 strcmp();if 结构中的逻辑表达式。

第27套　参考答案及解析

【考点分析】本题考查对结构体数组的排序,可以用起泡法来实现。考查的知识点包括:**结构体成员运算、字符串比较符、数组排序**。

【解题思路】此题属于销售记录类题型,此类题型主要考查对结构体数组的排序。解题时,应注意3个关键点:**关键点**1本题为按产品代码从小到大排序;**关键点**2本题为如果产品代码相同;**关键点**3本题为按金额从小到大排列。

本题在每次记录比较时,首先用字符串比较函数strcmp比较两个产品的代码,如果返回的值大于0,则这两个产品进行数据交换;如果返回值等于0,再比较两个产品的金额,如果前一个产品的金额大于后一个产品的金额,则这两个产品进行数据交换。

【参考答案】

```
1   void SortDat()
2   {  int i,j;                                                  /* 定义循环控制变量 */
3      PRO temp;              /* 定义数据交换时的暂存变量(这里是PRO类型的结构体变量) */
4      for(i=0;i<99;i++)                                         /* 利用起泡法进行排序 */
5          for(j=i+1;j<100;j++)
6          if (strcmp(sell[i].dm,sell[j].dm)>0)                 /* 按产品代码从小到大进行排列 */
7      {   temp=sell[i];
8          sell[i]=sell[j];
9          sell[j]=temp;
10     }
11     else if(strcmp(sell[i].dm,sell[j].dm)==0)    /* 若产品代码相同,则按金额从小到大进行排列 */
12         if(sell[i].je>sell[j].je)
13         {   temp=sell[i];
14             sell[i]=sell[j];
15             sell[j]=temp;
16         }
17  }
```

【易错提示】结构型数据对成员的访问用"."成员运算符;两个字符串的比较用字符串比较函数strcmp();if结构中的逻辑表达式。

第28套　参考答案及解析

【考点分析】本题考查对结构体数组的排序,可以用起泡法来实现。考查的知识点包括:**结构体成员运算、字符串比较符、数组排序**。

【解题思路】此题属于销售记录类题型,此类题型主要考查对结构体数组的排序。解题时,应注意3个关键点:**关键点**1本题为按产品金额从大到小排序;**关键点**2本题为如果产品金额相同;**关键点**3本题为按产品代码从大到小排列。

本题在每次记录比较时,首先比较两个产品的金额,如果前一个产品的金额小于后一个产品的金额,则这两个产品进行数据交换;若产品的金额相等,则用字符串比较函数strcmp比较两个产品的代码,如果返回的值小于0,则这两个产品进行数据交换。

【参考答案】

```
1   void SortDat()
2   {  int i,j;                                      /* 定义循环控制变量 */
3      PRO temp;              /* 定义数据交换时的暂存变量(这里是PRO类型的结构体变量) */
4      for(i=0;i<99;i++)                             /* 利用起泡法进行排序 */
5          for(j=i+1;j<100;j++)
6          if (sell[i].je<sell[j].je)   /* 按金额从大到小进行排列 */
7          {   temp=sell[i];
```

```
8               sell[i]=sell[j];
9                   sell[j]=temp;
10              }
11              else if (sell[i].je==sell[j].je)        /* 若金额相同* /
12          if (strcmp(sell[i].dm,sell[j].dm)<0)        /* 则按产品代码从大到小进行排列* /
13          {  temp=sell[i];
14             sell[i]=sell[j];
15             sell[j]=temp;
16          }
17      }
```

【易错提示】结构型数据对成员的访问用“.”成员运算符；两个字符串的比较用字符串比较函数 strcmp( )；if 结构中的逻辑表达式。

第29套　参考答案及解析

【考点分析】本题考查对多个整数的筛选及排序。考查的知识点主要包括：*多位整数的分解算法、逻辑表达式、数组排序算法*。

【解题思路】此题属于4位数的筛选类题。解此类题目需主要解决3个问题：*问题*1如何取得4位数的各个数位数字；*问题*2如何通过条件(各位上的数字均是奇数)筛选出满足条件的数；*问题*3如何按照要求(本题为从大到小的顺序)对数组中的数进行排序。

通过问题分析，得出解此类题的一般思路为：先求出每个数的各位数字，再根据各数位数字筛选出满足条件的数并存入新的数组中，最后对新数组进行排序。对于*问题*1通过算术运算取余和取模可以分解得到4位数的各个数位上的数字；*问题*2通过 if 条件判断语句和逻辑表达式可以实现；*问题*3排序可以通过循环嵌套的起泡法来实现。

【参考答案】

```
1   void jsVal()
2   {   int i,j;                                        /* 定义循环控制变量* /
3       int a1,a2,a3,a4;                                /* 定义变量保存4位数的每位数字* /
4       int temp;                                       /* 定义数据交换时的暂存变量* /
5       for(i=0;i<200;i++)                              /* 逐个取每一个4位数* /
6       {   a4=a[i]/1000;                               /* 求4位数的千位数字* /
7           a3=a[i]%1000/100;                           /* 求4位数的百位数字* /
8           a2=a[i]%100/10;                             /* 求4位数的十位数字* /
9           a1=a[i]%10;                                 /* 求4位数的个位数字* /
10          if(a4%2!=0 && a3%2!=0 && a2%2!=0 && a1%2!=0)
11                                                      /* 如果4位数各位上的数字均是奇数* /
12          {   b[cnt]=a[i];                            /* 将满足条件的数存入数组b中* /
13              cnt++;                                  /* 统计满足条件的数的个数* /
14          }
15      }
16      for(i=0;i<cnt-1;i++)                  /* 将数组b中的数按从大到小的顺序排列* /
17          for(j=i+1;j<cnt;j++)
18              if(b[i]<b[j])
19              {   temp=b[i];
20                  b[i]=b[j];
21                  b[j]=temp;
22              }
23  }
```

【易错提示】分解4位数算法的使用；对4位数筛选和排序时 if 结构中的逻辑表达式。

第30套 参考答案及解析

【考点分析】本题考查对多个整数的筛选及排序。考查的知识点主要包括：**多位整数的分解算法、逻辑表达式、数组排序算法**。

【解题思路】此题属于4位数的筛选类题型。需主要解决3个问题：**问题**1如何取得4位数的各个数位数字；**问题**2如何通过条件(千位数字加百位数字等于十位数字加个位数字)筛选出满足条件的数；**问题**3如何按照要求(本题为从大到小的顺序)对数组中的数进行排序。

通过问题分析，得出解此题的思路为：先求出每个数的各位数字，再根据各位数字筛选出满足条件的数并存入新的数组中，最后对新数组进行排序。对于**问题**1通过算术运算取余和除法可以分解得到4位数的各个数位上的数字；**问题**2通过if条件判断语句和逻辑表达式可以实现；**问题**3排序可以通过循环嵌套的起泡法来完成。

【参考答案】

```
1   void jsValue()
2   {  int i,j;                          /* 定义循环控制变量* /
3      int a1,a2,a3,a4;                  /* 定义变量保存4位数的每位数字* /
4      int temp;                         /* 定义数据交换时的暂存变量* /
5      for(i =0;i <300;i ++)             /* 逐个取每一个4位数* /
6      {  a4 =a[i]/1000;                 /* 求4位数的千位数字* /
7         a3 =a[i]%1000/100;             /* 求4位数的百位数字* /
8         a2 =a[i]%100/10;               /* 求4位数的十位数字* /
9         a1 =a[i]%10;                   /* 求4位数的个位数字* /
10        if (a4 +a3 ==a2 +a1)
11        {                              /* 如果千位数字加百位数字等于十位数字加个位数字* /
12            b[cnt] =a[i];              /* 把满足条件的4位数依次存入数组b中* /
13            cnt ++;                    /* 计算满足条件的数的个数* /
14        }
15     }
16     for(i =0;i <cnt -1;i ++)          /* 对数组b中的4位数按从大到小的顺序进行排序* /
17        for (j =i +1;j <cnt;j ++)
18            if(b[i] <b[j])
19            {  temp =b[i];
20               b[i] =b[j];
21               b[j] =temp;
22            }
23  }
```

【易错提示】分解4位数算法的使用；对4位数筛选和排序时if结构中的逻辑表达式。

第31套 参考答案及解析

【考点分析】本题考查对4位数的排序。考查的知识点主要包括：**数组元素的排序算法、if判断语句和逻辑表达式及求余算术运算**。

【解题思路】此题属于4位数排序问题。分析题干要求，本题要求实现jsSort()函数的功能，分析后可以归纳出3个关键点：**关键点**1如何取4位数的后3位进行比较；**关键点**2按照每个数的后3位的大小进行升序排列；**关键点**3如果后3位相等，则按照原始4位数的大小进行降序排列。

本题的解题思路为：对于**关键点**1可以通过算术运算的取余运算实现；关键点2、3可通过包含if判断语句的起泡排序算法完成。

【参考答案】

```
1   void jsSort()
2   {   int i,j;                                    /* 定义循环控制变量* /
3       int temp;                                   /* 定义数据交换时的暂存变量* /
4       for(i=0;i<199;i++)                          /* 用起泡法对数组进行排序* /
5           for(j=i+1;j<200;j++)
6           {   if(aa[i]%1000>aa[j]%1000)           /* 按照每个数的后3位的大小进行升序排列* /
7               {   temp=aa[i];
8                   aa[i]=aa[j];
9                   aa[j]=temp;
10              }
11              else if(aa[i]%1000==aa[j]%1000)     /* 如果后3位数值相等* /
12                  if(aa[i]<aa[j])                 /* 则要按原4位数的值进行降序排列* /
13                  {   temp=aa[i];
14                      aa[i]=aa[j];
15                      aa[j]=temp;
16                  }
17          }
18      for(i=0;i<10;i++)                           /* 将排好序的前10个数存入数组bb中* /
19          bb[i]=aa[i];
20  }
```

【易错提示】取4位数后3位的算法;if判断语句中的逻辑表达式。

第32套 参考答案及解析

【考点分析】本题考查对结构体的筛选和排序。考查的知识点主要包括:结构体成员的访问、元素的排序算法、if判断语句和逻辑表达式、排序算法。

【解题思路】本题属于字符串操作类题,要求对二维数组中的字符元素按行来处理。首先用strlen()函数得到当前行所包含的字符个数,然后利用一个循环来依次访问该行中的所有字符。对于每一个字符,先按照题目中的函数替代关系"f(p)=p*13 mod 256"计算出相应的f(p)值,再用一条if语句判断该值是否符合本题给定的条件:计算后的值小于等于32或其ASCII值是偶数。如果符合条件,则该字符不变,否则用f(p)所对应的字符对其进行替代。

【参考答案】

```
1   void encryChar()
2   {   int i,j;                                    /* 定义循环控制变量* /
3       int str;                                    /* 存储字符串的长度* /
4       char ch;                                    /* 存储当前取得的字符* /
5       for(i=0;i<maxline;i++)                      /* 以行为单位获取字符* /
6       {   str=strlen(xx[i]);                      /* 求得当前行的字符串长度* /
7           for(j=0;j<str;j++)                      /* 依次取每行的所有字符* /
8           {   ch=xx[i][j] * 13%256;
9               if(ch<=32 || ch%2==0)   /* 如果计算后的值小于等于32或其ASCII值是偶数* /
10                  continue;                       /* 则该字符不变,去取下一个字符* /
11              else
12                  xx[i][j]=ch;                    /* 否则用新字符替代原字符* /
13          }
14      }
15  }
```

【易错提示】取4位数后3位的算法;if判断语句中的逻辑表达式。

第33套　参考答案及解析

【考点分析】本题考查数学计算问题。考查的知识点主要包括:C语言循环结构、迭代算法、if判断结构和逻辑表达式、浮点型数据的相等比较。

【解题思路】此题属于数学计算题型。题目要求实现函数countValue()的功能。本题的解题思路是:首先通过一个无条件循环结构作为程序的主体,在该循环体中实现迭代运算,且当条件"x0-x1的绝对值小于0.000001"满足时,退出循环,停止计算,此时x1就是要计算的结果,最后调用函数返回该结果。

【参考答案】

```
1   float countValue()
2   {   float x0,x1 =0.0;                   /* 定义两个浮点型变量进行迭代* /
3       while(1)                            /* 无条件循环* /
4       {   x0 =x1;                         /* 将x1值赋给x0* /
5           x1 =cos(x0);                    /* 求出新的x1值* /
6           if(fabs(x0 -x1) <1e -6)         /* 若x0 -x1的绝对值小于0.000001,则结束循环* /
7               break;
8       }
9       return x1;                          /* 返回x1的值* /
10  }
```

【易错提示】迭代算法的应用;循环终止条件的判断。

第34套　参考答案及解析

【考点分析】本题考查数学计算问题。考查的知识点主要包括:C语言循环结构、迭代算法、if判断结构和逻辑表达式。

【解题思路】此题属于数学计算题型。本题要实现函数jaValue的功能:找出Fibonacci数列中大于t的最小的一个数。本题解题思路是:首先通过一个循环结构作为程序的主体,在其该循环体中实现迭代运算,逐个计算数列的每一项,同时判断本题的条件"大于t的最小的一个数",即第1个被计算出的大于t的Fibonacci数;所以当条件满足时,退出循环并停止计算,此时算出的Fibonacci项就是想要的结果,最后调用函数返回该结果。

【参考答案】

```
1   int jsValue(int t)
2   {   int f1 =0,f2 =1,fn;                 /* 定义变量存储Fibonacci数,初始化数列的前两项* /
3       fn =f1 +f2;                         /* 计算下一个Fibonacci数* /
4       while(fn <=t)       /* 如果当前的Fibonacci数不大于t,则继续计算下一个Fibonacci数* /
5       {   f1 =f2;
6           f2 =fn;
7           fn =f1 +f2;
8       }
9       return fn;                          /* 返回Fibonacci数列中大于t的最小的一个数* /
10  }
```

【易错提示】迭代算法的应用;循环终止条件的判断。

第35套　参考答案及解析

【考点分析】本题考查数学计算问题。考查的知识点主要包括:C语言循环结构、迭代算法、if判断结构和逻辑表达式。

【解题思路】此题属于数学计算题型。分析题干要求,可以归纳出2个关键点:关键点1如何逐个计算级数的项和前n项的和;关键点2如何通过条件"$S_n < M$且$S_{n+1} \geq M$"找出对应(M=100、M=1000、M=10000)的n的值。

本题解题思路是:首先用一个循环结构作为程序的主体,在该循环体中实现迭代运算,逐个计算该级数的每一项并累加其前n项的和,同时判断本题的条件"$S_n < M$且$S_{n+1} \geq M$"(M=100、1000、10000)是否成立,条件成立时,保存n的值到数组b中,当条件M=10000满足时,保存n并退出循环。

【参考答案】

```
void jsValue()
{   int n =1;                               /* 定义计数器变量,保存求得的项数* /
    int a1 =1,a2 =1,an;                     /* 用来保存级数的值* /
    int sum0,sum;                           /* 用来存储级数的和的变量* /
    sum0 =a1 +a2;                           /* 计算前两项的级数和* /
    while(1)                                /* 无条件循环,循环体内是否有控制结束循环的语句* /
    {   an =a1 +a2* 2;                      /* 求下一个级数* /
        sum =sum0 +an;                      /* 求级数和* /
        a1 =a2;                             /* 将 a2 赋给 a1* /
        a2 =an;                             /* 将 an 赋给 a2* /
        n ++;
        if(sum0 <100 && sum >=100)          /* 如果满足 Sn <100 且 sn+1 >=100* /
            b[0] =n;                        /* 则将 n 存入数组单元 b[0]中* /
        if(sum0 <1000 && sum >=1000)        /* 如果满足 Sn <1000 且 sn+1 >=1000* /
            b[1] =n;                        /* 则将 n 存入数组单元 b[1]中* /
        if(sum0 <10000 && sum >=10000)      /* 如果满足 Sn <10000 且 sn+1 >=10000* /
        {   b[2] =n;                        /* 则将 n 存入数组单元 b[2]中* /
            break;                          /* 并强行退出循环* /
        }
        sum0 =sum;                          /* 将 sum 赋给 sum0,为下一次循环的求和作准备* /
    }
}
```

【易错提示】迭代算法的应用;循环终止条件的判断;根据公式对级数项的计算。

第 36 套　参考答案及解析

【考点分析】本题考查对多个整数的筛选及排序。考查的知识点主要包括:**多位整数的分解算法、逻辑表达式、数组排序算法、子函数的调用方法**。

【解题思路】此题属于 4 位数的筛选类题,并且需将各位数组成新的 2 位数,再筛选排序。解题时,需主要解决 4 个问题:**问题** 1 如何取得 4 位数的各个数位数字;**问题** 2 如何按照要求组成新的 2 位数字 ab(本题为千位数字与十位数字),以及组成 cd(本题为个位数字与百位数字);**问题** 3 如何通过判断条件(本题为新组成的两个 2 位数均为素数且新十位数字均不为 0)筛选出满足条件的数,并统计出满足条件的数的个数;**问题** 4 如何对数组中的数进行从大到小的排序。

通过问题分析,得出解此题的思路为:先求出每个数的各位数字,再根据各位数数字组成 2 位数的条件筛选出满足要求的数并存入新的数组中,最后对新数组进行排序。**问题** 2 由加法和乘法得出的各位数字组成新的 2 位数(本题为 ab = 10 × a4 + a2、cd = 10 × a1 + a3),**问题** 3 的条件可以由逻辑表达式(本题为“isprime(ab)&&isprime(cd)&&a4! =0&&a1! =0”)实现。

【参考答案】

```
void jsVal()
{   int i,j;                                /* 定义循环控制变量* /
    int a1,a2,a3,a4;                        /* 定义变量保存 4 位数的每位数字* /
    int temp;                               /* 定义数据交换时的暂存变量* /
    int ab,cd;                              /* 存储重新组合成的 2 位数* /
    for(i =0;i <200;i ++)                   /* 逐个取每一个 4 位数* /
    {   a4 =a[i]/1000;                      /* 求 4 位数的千位数字* /
        a3 =a[i]%1000/100;                  /* 求 4 位数的百位数字* /
        a2 =a[i]%100/10;                    /* 求 4 位数的十位数字* /
        a1 =a[i]%10;                        /* 求 4 位数的个位数字* /
        ab =10* a4 +a2;                     /* 把千位数字和十位数字重新组合成一个新的 2 位数* /
        cd =10* a1 +a3;                     /* 把个位数和百位数组成另一个新的 2 位数* /
```

```
13          if(isprime(ab)&&isprime(cd)&&a4!=0&&a1!=0)
14              {                          /* 如果新组成的两个2位数均为素数且新2位数的十位上的数字均不为0* /
15                  b[cnt]=a[i];           /* 则把满足条件的数存入数组b中* /
16                  cnt++;                 /* 并统计满足条件的数的个数* /
17              }
18          }
19          for(i=0;i<cnt-1;i++)
20              for(j=i+1;j<cnt;j++)              /* 将满足此条件的4位数按从大到小的顺序存入数组b中* /
21                  if(b[i]<b[j])
22                  {   temp=b[i];
23                      b[i]=b[j];
24                      b[j]=temp;
25                  }
26      }
27
```

【易错提示】分解4位数算法的使用;对4位数筛选和排序时if结构中的逻辑表达式。

第37套　参考答案及解析

【考点分析】本题考查对多个整数的筛选,以及求平均值。考查的知识点主要包括:*多位整数的分解算法、逻辑表达式、平均值的计算方法*。

【解题思路】此题属于4位数的筛选题型,并且涉及统计及平均值问题。解题时,需主要解决3个问题:*问题*1如何取得4位数的各个数位数字;*问题*2如何通过判断条件(本题为个位数减千位数减百位数减十位数的值大于0)对目标进行筛选,再分别统计出满足和不满足条件的数的和及数目;*问题*3分别求出两类数的平均值。

解此题的思路为:先求出各位数字的值,根据各位数字的属性判断并统计满足和不满足条件的数的个数及和值,最后用和除以个数得出相应的平均值。与前面类型的题不同的是,在*问题*2筛选时,不需要将符合要求的数存入新的数组,只需用条件判断语句分别统计符合条件的数的数目(cnt)及不符合条件的个数(n),以及对应的和值(pjz1、pjz2)。*问题*3用和值除以对应个数即可(pjz1/cnt,pjz2/n)。

【参考答案】

```
1       void jsValue()
2       {  int i,n=0;                              /* 定义循环变量和计数器变量* /
3          int a1,a2,a3,a4;                        /* 定义变量保存4位数的每位数字* /
4          for(i=0;i<300;i++)                      /* 逐个取每一个4位数* /
5          {  a4=a[i]/1000;                        /* 求4位数的千位数字* /
6             a3=a[i]%1000/100;                    /* 求4位数的百位数字* /
7             a2=a[i]%100/10;                      /* 求4位数的十位数字* /
8             a1=a[i]%10;                          /* 求4位数的个位数字* /
9             if(a1-a4-a3-a2>0)        /* 如果个位数字减千位数字减百位数字减十位数字大于零* /
10            {  cnt++;                            /* 则统计满足条件的数的个数* /
11               pjz1+=a[i];                       /* 对满足条件的数求和* /
12            }
13            else
14            {  n++;                              /* 否则统计不满足条件的数的个数* /
15               pjz2+=a[i];                       /* 对不满足条件的数求和* /
16            }
17         }
18         pjz1/=cnt;                              /* 求满足条件的数的平均值* /
19         pjz2/=n;                                /* 求不满足条件的数的平均值* /
20      }
```

【易错提示】分解4位数时的算法;if判断结构中的逻辑表达式。

第38套　参考答案及解析

【考点分析】本题考查对多个整数的筛选及求平均值。考查的知识点主要包括:**多位整数的分解算法、逻辑表达式、求平均值算法**。

【解题思路】本题属于字符串操作类题,主要考查数组的访问及排序问题。

本题解题思路:通过双重循环结构逐行获取字符进行处理,首先使用字符串处理函数strlen()来求出每一行的字符串长度,然后运用起泡法逐行对字符按照从小到大的顺序进行排序。

【参考答案】

```
1    void SortCharA()
2    {  int i,j,k;                                    /* 定义循环控制变量 */
3       int str;                                      /* 存储字符串的长度 */
4       char temp;                                    /* 数据交换时的暂存变量 */
5       for (i=0;i<maxline;i++)                       /* 以行为单位获取字符 */
6       {   str=strlen(xx[i]);                        /* 求得当前行的字符串长度 */
7           for(j=0;j<str-1;j++)                      /* 对字符按从小到大的顺序进行排序 */
8               for (k=j+1;k<str;k++)
9                   if (xx[i][j]>xx[i][k])
10                  {   temp=xx[i][j];
11                      xx[i][j]=xx[i][k];
12                      xx[i][k]=temp;
13                  }
14      }
15   }
```

【易错提示】分解4位数时的算法;if判断结构中的逻辑表达式。

第39套　参考答案及解析

【考点分析】本题考查对整数的筛选及数组排序。考查的知识点主要包括:**循环嵌套、数组排序**。

【解题思路】本题属于字符串操作类题主要考查对二维字符数组的处理。

本题解题思路:首先需要求得各行字符串的长度(利用求字符串长度的strlen()函数),然后借助循环结构逐个访问各行中的每一个字符。

在本题中,应先确定各行中字符串的中间位置,然后用起泡法先对中间位置以前的字符进行降序排序,再把中间位置前的一个位置定为初始位置,把字符串中的最后一个位置也视为初始位置,使两个位置所对应的字符进行交换。交换过后,这两个位置值(也就是下标值)分别前移,再进行对应位置字符的交换。

【参考答案】

```
1    void jsSort()
2    {  int i,j,k;                                /* 定义计数器变量 */
3       int str,half;                             /* 定义存储字符串长度的变量 */
4       char temp;                                /* 定义数据交换时的暂存变量 */
5       for(i=0;i<20;i++)                         /* 逐行对数据进行处理 */
6       {   str=strlen(xx[i]);                    /* 求字符串的长度 */
7           half=str/2;                           /* 通过变量half将字符串分为左右两部分 */
8           for(j=0;j<half-1;j++)             /* 用起泡法将左边部分按字符的ASCII值降序排序 */
9               for(k=j+1;k<half;k++)
10                  if(xx[i][j]<xx[i][k])
11                  {   temp=xx[i][j];
12                      xx[i][j]=xx[i][k];
13                      xx[i][k]=temp;
14                  }
```

```
15              for(j=half-1,k=str-1;j>=0;j--,k--)   /* 将左边部分和右边部分的对应字符交换 */
16              {   temp=xx[i][j];
17                  xx[i][j]=xx[i][k];
18                  xx[i][k]=temp;
19              }
20          }
21      }
```

【易错提示】循环控制语句;if判断结构中的逻辑表达式。

第40套　参考答案及解析

【考点分析】本题考查对整数的筛选及数组排序。考查的知识点主要包括:C语言循环结构、逻辑表达式、数组排序算法。

【解题思路】此题属于4位数的筛选题型。分析题干要求,本题要求实现jsVal()函数的功能,归纳可以得出2个问题:问题1如何通过判断条件(该4位数连续大于该4位数以前的5个数且该数是偶数)筛选出满足条件的数,同时统计其个数;问题2如何将这些数按照从大到小的顺序排列。

通过问题分析,得出解此题的思路为:先根据题目中的条件筛选出满足条件的数并存入新的数组中,再对新数组进行排序。对于问题1通过if条件判断语句和逻辑表达式可以实现;问题2排序可以通过循环嵌套的起泡法实现。

【参考答案】

```
1   void jsVal()
2   {   int i,j;                                   /* 定义循环控制变量 */
3       int temp;                                  /* 定义数据交换时的暂存变量 */
4       for(i=5;i<MAX;i++)                         /* 逐个取每个4位数 */
5           if(a[i]%2==0)                          /* 如果当前数是偶数 */
6           {   for(j=i-5;j<=i-1;j++)              /* 取该数前面的5个数进行比较 */
7                   if(a[i]<a[j])
8                       break;        /* 如果当前数不满足比前面5个数都大的条件,则跳出循环 */
9                   if(j==i)                       /* 如果当前数比前面的5个数都大 */
10                  {   b[cnt]=a[i];               /* 则将满足条件的数存入数组b中 */
11                      cnt++;                     /* 并统计满足条件的数的个数 */
12                  }
13          }
14      for(i=0;i<cnt-1;i++)              /* 利用起泡法对数组b中的元素进行从大到小的排序 */
15          for(j=i+1;j<cnt;j++)
16              if(b[i]<b[j])
17                  {   temp=b[i];
18                      b[i]=b[j];
19                      b[j]=temp;
20                  }
21  }
```

【易错提示】循环控制语句;if判断结构中的逻辑表达式。

第41套　参考答案及解析

【考点分析】本题考查对数的筛选。考查的知识点主要包括:if条件判断结构、逻辑表达式、位运算、平均值计算方法。

【解题思路】此题属于数学类问题。分析题干,本题存在2个关键点:关键点1如何通过条件"将数右移一位后产生的新数是奇数"实现对数的筛选;关键点2如何计算其平均值。

本题的解题思路为:首先使用一个循环控制对所有数据遍历访问,并统计其中正整数的个数,然后通过if判断结构和逻辑表达式实现对数的筛选判断,累加出所有满足条件的数的总和;最后根据其求出算术平均值。

【参考答案】

```
1	void CalValue(void)
2	{     int i;                                   /* 定义循环控制变量* /
3	      int data;                                /* 用于保存处理后产生的新数* /
4	      for(i =0;i <200;i ++)                    /* 逐个取数组 xx 中的数进行统计* /
5	          if(xx[i] >0)                         /* 判断是否是正整数* /
6	          {   totNum ++;                       /* 统计正整数的个数* /
7	              data = xx[i] >>1;                /* 将数右移一位* /
8	              if(data%2 ==1)                   /* 如果产生的新数是奇数* /
9	              {   totCnt ++;
10	                  totPjz += xx[i];
11	              }
12	          }                       /* 则统计这些数的个数,并将满足条件的原数求和* /
13	      totPjz/ = totCnt;           /* 求满足条件的这些数(右移前的值)的算术平均值* /
14	}
```

【易错提示】if 结构中的逻辑表达式;平均值的计算。

第 42 套　参考答案及解析

【考点分析】本题考查对指定范围内数的筛选和计算。考查的知识点主要包括:if 条件判断结构、逻辑表达式、平均值计算方法。

【解题思路】此题属于数学类问题。分析题干,本题存在 2 个关键点:关键点 1 如何判断一个数是奇数还是偶数;关键点 2 如何计算所有下标为偶数的元素的平均值。

本题的解题思路为:首先使用循环控制逐个访问数组中的每个数据;然后通过 if…else 结构判断该数的奇偶性,并分别统计个数,同时累加所有下标为偶数的元素的和值;最后由和值计算出平均值。

通过一个数被 2 除的结果可以判断该数的奇偶性,如果可以整除则表示该数是偶数,反之为奇数。

【参考答案】

```
1	void main()
2	{  int cnt1,cnt2,xx[N];
3	   float pj;
4	   FILE * fw;
5	   int i,k =0;
6	   long j;
7	   system("CLS");
8	   fw = fopen("OUT.DAT","w");
9	   read_dat(xx);
10	   for(i =0,j =0,cnt1 =0,cnt2 =0;i <N;i ++)  /* 初始化计数器变量,依次取数组中的数进行统计* /
11	   {  if(xx[i]%2! =0)                           /* 如果是奇数* /
12	         cnt1 ++;                               /* 统计数组 xx 中奇数的个数 cnt1* /
13	      else                                      /* 如果是偶数* /
14	         cnt2 ++;                               /* 统计偶数的个数 cnt2* /
15	      if(i%2 ==0)                               /* 如果下标是偶数* /
16	      {  j += xx[i];                 /* 求数组 xx 中下标为偶数的元素值的总和* /
17	         k ++;                /* 统计下标为偶数的元素的个数,以进一步求平均值* /
18	      }
19	                                     /* 求数组 xx 下标为偶数的元素值的算术平均值 pj* /
20	      pj = (float)(j* 100/k)/100;
21	   }
22	   printf("\n\ncnt1 =%d,cnt2 =%d,pj =%6.2f\n",cnt1,cnt2,pj);
```

```
23          fprintf(fw,"%d\n%d\n%6.2f\n",cnt1,cnt2,pj);
24          fclose(fw);
25      }
26
```

【易错提示】if 结构中的逻辑表达式；平均值的计算方法。

第43套　参考答案及解析

【考点分析】本题考查对指定范围内数的筛选和计算。考查的知识点主要包括：if 条件判断结构、逻辑表达式、平均值计算方法。

【解题思路】此题属于数学类问题。分析题干，本题存在2个关键点：关键点1 如何判断一个数是奇数还是偶数；关键点2 如何计算所有下标为奇数元素的平均值。

本题的解题思路为：首先使用循环控制逐个访问数组中的每个数据；然后通过 if…else 结构判断该数的奇偶性，并分别统计个数，同时累加所有下标为奇数元素的和值；最后由其计算出平均值。

【参考答案】

```
1   void main()
2   {   int cnt1,cnt2,xx[N];
3       float pj;
4       FILE * fw;
5       int i,k=0;
6       long j=0;
7       cnt1=0;
8       cnt2=0;
9       pj=0.0;
10      system("CLS");
11      fw=fopen("OUT.DAT","w");
12      read_dat(xx);
13      for(i=0;i<N;i++)
14      {   if(xx[i]%2)
15              cnt1++;                    /* 求出数组xx中奇数的个数cnt1 */
16          else
17              cnt2++;                    /* 求出数组xx中偶数的个数cnt2 */
18          if(i%2==1)
19          {   j+=xx[i];                  /* 求数组xx下标为奇数的元素值的总和 */
20              k++;
21          }
22      }
23      pj=(float)(j*100/k)/100;           /* 求数组xx下标为奇数的元素值的算术平均值pj */
24      printf("\n\ncnt1=%d,cnt2=%d,pj=%6.2f\n",cnt1,cnt2,pj);
25      fprintf(fw,"%d\n%d\n%6.2f\n",cnt1,cnt2,pj);
26      fclose(fw);
27  }
```

【易错提示】if 结构中的逻辑表达式；平均值的计算方法。

第44套　参考答案及解析

【考点分析】本题考查对指定范围内数的计算。考查的知识点主要包括：强制转化类型运算、平均值的计算方法。

【解题思路】此题属于数学类问题。分析题干，本题存在2个问题：问题1 如何分解得到一个数的整数部分和小数部分；问题2 如何计算 N 个数的平均值。

本题的解题思路为：首先使用循环控制逐个访问数组中的数据，实数取整运算所得结果就是该数的整数部分；再用该实数减去其整数部分，结果就是小数部分的数值。分别对这两部分及实数累加求和；最后由实数的总和计算出平均值。

【参考答案】

```
1   void CalValue()
2   {  int i;                                  /* 定义循环控制变量* /
3      double sum=0.0;                         /* 定义存储所有数的和值的变量* /
4      for(i=0;i<N;i++)                        /* 逐个取每一个数进行统计* /
5      {  sumint += (int)xx[i];                /* 求整数部分之和* /
6         sumdec += (xx[i] - (int)xx[i]);      /* 求小数部分之和* /
7         sum=sum+xx[i];                       /* 求N个数之和* /
8      }
9      aver=sum/N;                             /* 求N个数的平均数* /
10  }
```

【易错提示】强制类型转化；平均值的计算方法。

第45套　参考答案及解析

【考点分析】本题考查对多个整数的筛选以及求平均值的。考查的知识点主要包括：**函数的调用方法，逻辑表达式，平均值的计算方法**。

【解题思路】此题属于4位数的筛选题型，并且涉及统计及平均值计算问题。解题时，需主要解决2个问题：**问题**1如何通过判断条件（本题为该4位数为素数）对目标进行筛选，再分别统计出满足和不满足条件的数的和及数目；**问题**2分别求出两类数的平均值。

解此题的思路为：首先通过循环和if判断结构筛选素数，本题中已经提供判断素数的函数，只需调用即可；然后分别统计满足和不满足条件的数的个数及计算和值；最后用和除以个数得出相应的平均值。

【参考答案】

```
1   void jsValue()
2   {  int i,n=0;                      /* 定义循环控制变量和计数器变量* /
3      for(i=0;i<300;i++)              /* 逐个取4位数* /
4         if(isP(a[i]))                /* 如果该数为素数* /
5         {  pjz1 +=a[i];              /* 对满足条件的数求和* /
6            cnt ++;                   /* 统计满足条件的数的个数* /
7         }
8         else
9         {  pjz2 +=a[i];              /* 对不满足条件的数求和* /
10           n ++;                     /* 统计不满足条件的数的个数* /
11        }
12     pjz1/ =cnt;                     /* 求满足条件的数的平均值* /
13     pjz2/ =n;                       /* 求不满足条件的数的平均值* /
14  }
```

【易错提示】函数的调用方法。

第46套　参考答案及解析

【考点分析】本题考查的知识点包括：C **语言中文件的读函数、if条件判断结构、对多个整数求、平均值和方差的算法等**。

【解题思路】此题属于4位数排序问题。分析题干要求，本题要求完成ReadDat(void)函数并实现Compute()函数的功能，分析后可以归纳出3个关键点：**关键点**1如何实现从已打开的文件中依次读取数据到数组的操作；**关键点**2如何分离并统计出奇数、偶数的个数和所有数的和值，并计算平均值；**关键点**3如何计算方差。

接着分析每一步的解决方法，对于**关键点**1可以使用C语言的库函数fscanf()；**关键点**2通过包含if判断语句和逻辑表达式可以实现；**关键点**3根据题目中已给出的公式和之前保存的数据可以计算出偶数的方差。

【参考答案】

```
1   int ReadDat(void)
2   {  FILE * fp;
3      int i,j;                                      /* 计数器变量* /
4      if((fp = fopen("IN.DAT","r")) ==NULL)
5          return 1;
6      for(i =0;i <100;i ++)                         /* 依次读取整型数据并放入数组 xx 中* /
7      {  for(j =0;j <10;j ++)
8              fscanf(fp,"%d,",&xx[i* 10 +j]);
9          fscanf(fp,"\n");
10         if(feof(fp))
11             break;                                /* 文件读取结束,则退出* /
12     }
13     fclose(fp);
14     return 0;
15  }
16  void Compute(void)
17  {  int i;                                        /* 循环控制变量* /
18     for(i =0;i <1000;i ++)                        /* 依次取每个数* /
19     {  if(xx[i]%2! =0)
20             odd ++;                               /* 求出 xx 中奇数的个数 odd* /
21         else
22             even ++;                              /* 求出 xx 中偶数的个数 even* /
23         aver += xx[i];                            /* 求出 xx 中元素的总和* /
24     }
25     aver/ =MAX;                                   /* 求出 xx 中元素的平均值* /
26     for(i =0;i <1000;i ++)
27         totfc += (xx[i] -aver)* (xx[i] -aver)/MAX;
28  }
```

【易错提示】文件操作函数 fscanf( )和 feof( )的用法;if 判断语句中的逻辑表达式;对方差计算公式的运用。

第 47 套　参考答案及解析

【考点分析】本题考查对一定范围内整数的筛选。考查的知识点主要包括:if 判断语句和逻辑表达式、指针对存储单元的访问。

【解题思路】此题属于数学类问题。分析题干,本题存在 2 个关键点:关键点 1 判断条件"能被 7 或 11 整除但不能同时被 7 和 11 整除";关键点 2 统计满足条件的数的数量。

本题的解题思路为:通过循环控制,依次判断 1 至 1000 内的数是否满足关键点 1 中的条件。如果满足,则将数据保存到数组中,并统计其数量。

【参考答案】

```
1   void countValue(int * a,int * n)
2   {  int i;                                        /* 定义循环控制变量* /
3      * n =0;                                       /* 初始化计数器变量* /
4      for(i =1;i <=1000;i ++)                       /* 在这个范围内寻找符合条件的数* /
5          if((i%7 ==0 && i%11! =0) ||(i%7! =0 && i%11 ==0))
6          /* 如果当前数可以被 7 整除而不可以被 11 整除,或者可以被 11 整除而不可以被 7 整除* /
7          {
8              * a =i;                               /* 保存符合条件的数* /
9              * n =* n +1;                          /* 统计符合条件的数的个数* /
10             a ++;
```

```
11        }
12    }
```

【易错提示】if 判断语句中的表达式；指针对存储单元的访问。

第 48 套　参考答案及解析

【考点分析】本题考查对一定范围内整数的筛选和计算。考查的知识点主要包括：C **语言循环结构、if 判断结构、逻辑表达式、库函数的调用**。

【解题思路】本题同第 92、93、94 套，属于字符串类题。首先用 strlen() 函数得到当前行所包含的字符个数；然后利用 for 循环来依次访问该行中的所有字符。对于每一个字符，先按照题目中的函数替代关系"f(p) = p * 11 mod 256"计算出相应的 f(p)值，再用一条 if 语句判断该值是否符合本题给定的条件："原字符是数字字符 0 至 9 或计算后的值小于等于 32"。如果符合条件，则该字符不变，否则用 f(p) 所对应的字符对其进行替代。

【参考答案】

```
1     void encryChar()
2     {  int i,j;                                          /* 定义循环控制变量* /
3        int str;                                          /* 存储字符串的长度* /
4        char ch;                                          /* 存储当前取得的字符* /
5        for(i =0;i <maxline;i ++)                         /* 以行为单位获取字符* /
6        {  str=strlen(xx[i]);                             /* 求得当前行的字符串长度* /
7           for(j =0;j <str;j ++)                          /* 依次取每行的所有字符* /
8           {  ch =xx[i][j] * 11%256;
9              if((xx[i][j] >='0' && xx[i][j] <='9') || ch <=32)  /* 如果原字符是数字字符 0 至 9 或计算
                                                           后的值小于等于 32* /
10                continue;                                /* 则不作改变,指向下一个字符* /
11             else
12                xx[i][j] =ch;                            /* 否则用新字符取代原有字符* /
13          }
14       }
15    }
```

【易错提示】if 判断结构中的逻辑表达式；求平方根函数的调用。

第 49 套　参考答案及解析

【考点分析】本题考查对指定范围内数的筛选和计算。考查的知识点主要包括：**判断素数的算法、if 条件判断结构、逻辑表达式**。

【解题思路】此题属于数学类问题。分析题干，本题存在 2 个关键点：**关键点** 1 如何找出题设范围内的素数；**关键点** 2 如何计算满足条件的数的间隔加、减之和。

本题的解题思路为：首先通过循环控制，依次判断大于等于 500 小于 800 范围内的自然数是否是素数；然后将满足条件的数保存到数组中；最后对其计算间隔加、减之和。这里可以通过"乘以一个变量"来控制其加、减符号。具体方法是设置变量的初始值为"1"，每次循环都使该变量乘以" -1"就可实现。

【参考答案】

```
1     void countValue()
2     {  int i,j;                                        /* 定义循环控制变量* /
3        int half;                                       /* 判断素数时所需值的存储变量* /
4        int xx[100];                                    /* 定义整型数组,用来保存素数* /
5        for(i =800;i >500;i --)                         /* 在这个范围内进行筛选* /
6        {  half=i/2;
7           for(j =2;j <=half;j ++)                      /* 判断是否为素数* /
8              if(i%j ==0)
```

```
9                 break;                         /* 如果该数不是素数,则退出此层循环* /
10            if(j >=half)                       /* 如果该数是素数,则将该数存入数组 xx 中* /
11            {   xx[cnt] =i;
12                cnt ++;                        /* 统计素数的个数* /
13            }
14        }
15        for(i =0,j = -1;i <cnt;i ++)           /* 计算这些素数的间隔减、加之和* /
16        {   j* = -1;                           /* 用变量 j 来控制间隔的加、减号* /
17            sum +=j* xx[i];
18        }
19    }
```

【易错提示】判断素数的算法；间隔加、减的实现方法。

第50套　参考答案及解析

【考点分析】本题考查对素数的筛选。考查的知识点主要包括：**判断素数的算法**、**C语言循环结构**、**if条件判断结构**、**逻辑表达式**。

【解题思路】此题属于数学类问题。分析题干，本题存在2个关键点：**关键点**1如何分析本题中数的筛选范围；**关键点**2如何找出指定个数的素数。

本题的解题思路为：首先用一个无条件循环作为程序主体，在循环体中由一个if判断结构和break语句控制指定的筛选素数个数；再利用一个内部循环体来实现数的筛选功能，逐个保存满足条件的数(素数)，直到筛选出指定个数的素数，然后退出循环。

【参考答案】

```
1     void num(int m,int k,int xx[])
2     {   int i,half,cnt =0;                     /* 定义变量 cnt 来统计已经取得的素数个数* /
3         int data =m +1;                        /* 从大于整数 m 的数开始找* /
4         while(1)                               /* 循环条件始终为真,所以是无条件循环* /
5         {   half =data/2;                      /* 求出当前数的一半,判断素数* /
6             for(i =2;i <=half;i ++)   /* 如果该数依次除以从 2 到其一半的整数,余数都不是 0,则该数是素数* /
7                 if(data%i ==0)                 /* 如果余数为 0* /
8                     break;                     /* 则退出循环,取下一个数判断* /
9             if(i >half)
10            {   xx[cnt] =data;     /* 确定该数为素数后,将该数存入数组 xx 中,并累计素数的个数* /
11                cnt ++;
12            }
13            if(cnt >=k)                        /* 如果累计素数的个数超过了要求的个数* /
14                break;                         /* 则退出循环* /
15            data ++;                  /* 如果累计素数的个数小于要求的个数,则继续取下一个数* /
16        }
17    }
18
```

【易错提示】判断素数的算法；控制筛选指定个数素数的程序逻辑。

第51套　参考答案及解析

【考点分析】本题考查对字符串处理。考查的知识点主要包括：**字符串元素的遍历访问**、**if判断结构**、**逻辑表达式**。

【解题思路】本题的解题思路为：首先确定该行字符串的长度；然后使用循环结构依次对字符进行处理，先找到字符“o”，再将“o”右侧的字符依次向左移，这个操作同时能够删除字符“o”。记录最后一个“o”所在的位置，在这个“o”右侧的所有字符都要移到已处理字符串的左边，这个过程也是使用循环来完成的。

【参考答案】

```
1  void StrOR(void)
2  {  int i,j,k;                                    /* 定义循环控制变量* /
3     int index,str;                                /* 定义变量* /
4     char ch;                                      /* 定义暂存变量* /
5     for(i=0;i<maxline;i++)                        /* 逐行获取字符数据进行处理* /
6     {   str=strlen(xx[i]);                        /* 求各行的长度* /
7         index=str;
8         for(j=0;j<str;j++)  /* 将一行中所有小写字母 o 右边的字符依次向左移一位,并删除字母 o* /
9             if(xx[i][j]=='o')
10            {   for(k=j;k<str-1;k++)              /* o 右边的字符串左移一位* /
11                    xx[i][k]=xx[i][k+1];
12                xx[i][str-1]='';
13                index=j;                          /* 记录最后一个 o 所在的位置* /
14                j=0;                              /* 处理完后从该行开头继续寻找下一个 o* /
15            }
16        for(j=str-1;j>=index;j--)  /* 最后一个 o 右侧的所有字符都移到已处理字符串的左边* /
17        {  ch=xx[i][str-1];
18           for(k=str-1;k>0;k--)
19               xx[i][k]=xx[i][k-1];
20           xx[i][0]=ch;
21        }
22    }
23 }
```

【易错提示】对字符数组进行逐元素访问;if 判断结构中的逻辑表达式。

第 52 套　参考答案及解析

【考点分析】本题考查对字符串的处理。考查的知识点主要包括:字符串元素的遍历访问、if 判断结构、逻辑表达式。

【解题思路】分析题干要求,可以归纳出 2 个关键点:关键点 1 如何在字符串中提取出以空格或标点符号为分隔的单词;关键点 2 如何将提取出的单词倒序排列。

本题的解题思路为:先让两个字符指针都指向每一行字符的串尾;然后使其中一指针(p1)往前移动,当出现 p1 指向的不是字母时则表示在 p1+1 与 p2 之间是一个单词,将该单词存入字符数组 t1 中;最后将 t1 连接到新字符串 t 中,接着再往前找第 2 个单词,依次类推直到 p1 越过字符串的起始位置。

【参考答案】

```
1  void StrOL(void)
2  {  int i,j,k;                                    /* 定义数组下标变量* /
3     char t[80],t1[80];                            /* 定义数组暂存取得的单词* /
4     for(i=0;i<maxline;i++)                        /* 逐行获取字符串数据* /
5     {  j=k=strlen(xx[i])-1;                       /* 将每行末尾字符的下标保存在 j 和 k 中* /
6        t[0]=t1[0]='\0';                           /* 初始化两个字符数组* /
7        while(1)                                   /* 无条件循环,循环体内有结束循环的语句* /
8        {  while(isalpha(xx[i][j])==0&&j>=0)       /* 若以 j 为下标的字符不是字母并且还在数组 xx 中* /
9               k=--j;
10          while(isalpha(xx[i][j])&&j>=0)          /* 若以 j 为下标的字符是字母并且还在数组 xx 中* /
11              j--;                                /* 当退出这个循环时,xx[i][j+1]和 xx[i][k]
                                                       分别是同一个单词的第 1 个和最后一个字母* /
12          memcpy(t1,&xx[i][j+1],k-j);             /* 将该单词保存到字符数组 t1 中* /
13          t1[k-j]='\0';                           /* 为 t1 中的单词添加字符串结束标志* /
14          strcat(t,t1);                           /* 将单词保存到数组 t 中* /
15          strcat(t," ");                          /* 单词之间用空格分隔* /
16          if(j<0)                                 /* 如果以 j 为下标的字符不在数组 xx 中* /
17              break;                              /* 则退出外层 while 循环* /
```

```
18            }
19            strcpy(xx[i],t);                    /* 按行将处理完的字符串重新保存到数组 xx 中* /
20        }
21    }
```

【易错提示】对英文单词的提取算法;处理结束条件的判断。

第53套　参考答案及解析

【考点分析】本题考查对字符的排序。考查的知识点主要包括:*字符串元素的遍历访问、逻辑表达式、数组排序算法*。

【解题思路】此题属于字符排序题型。分析题干要求,可以归纳出2个问题:*问题*1如何找出字符串中以奇数为下标的字符;*问题*2如何按照要求对这些字符进行排序(本题为按ASCII值从小到大的顺序)。

接着分析具体的解决方法,首先用字符串处理函数strlen获得字符串的长度,然后使用循环对字符串进行间隔访问(只访问其中下标为奇数的元素),同时通过起泡法对其进行从小到大的排列。

【参考答案】

```
1   void jsSort()
2   {  int i,j,k;                                  /* 定义循环控制变量* /
3      int str;                                    /* 定义存储字符串长度的变量* /
4      char temp;                                  /* 定义数据交换时的暂存变量* /
5      for(i=0;i<20;i++)                           /* 逐行对数据进行处理* /
6      {  str=strlen(xx[i]);                       /* 求各行字符串的长度* /
7         for(j=1;j<str-2;j=j+2)  /* 将下标为奇数的字符按其 ASCII 值从小到大的顺序进行排序* /
8            for(k=j+2;k<str;k=k+2)
9               if(xx[i][j]>xx[i][k])
10              {  temp=xx[i][j];
11                 xx[i][j]=xx[i][k];
12                 xx[i][k]=temp;
13              }
14     }
15  }
```

【易错提示】数组的下标法访问;排序算法中的逻辑表达式。

第54套　参考答案及解析

【考点分析】本题考查对字符的排序。考查的知识点主要包括:*字符串元素的遍历访问、逻辑表达式、数组排序算法*。

【解题思路】此题属于字符排序题型;分析题干要求需主要解决2个问题:*问题*1如何实现从字符串中间一分为二,并将左边部分按字符的ASCII值降序排序;*问题*2如何按照要求将字符串的右边部分按照升序排列。

接着分析具体的解决方法,首先用字符串处理函数strlen获得字符串的长度,进而求得该长度的二分之一,并由其实现对字符串左右两半部分元素的访问;然后使用起泡法实现排序。

【参考答案】

```
1   void jsSort()
2   {  int i,j,k;                                  /* 定义循环控制变量* /
3      int str,half;                               /* 定义存储字符串长度的变量* /
4      char temp;                                  /* 定义数据交换时的暂存变量* /
5      for(i=0;i<20;i++)                           /* 逐行对数据进行处理* /
6      {  str=strlen(xx[i]);                       /* 求各行字符串的总长度* /
7         half=str/2;                              /* 求总长度的一半* /
8         for(j=0;j<half-1;j++)                    /* 左边部分按字符的 ASCII 值降序排序* /
9            for(k=j+1;k<half;k++)
10              if(xx[i][j]<xx[i][k])
```

```
11          {    temp = xx[i][j];
12               xx[i][j] = xx[i][k];
13               xx[i][k] = temp;
14          }
15      if(str%2 == 1)                      /* 如果原字符串长度为奇数,则跳过最中间的字符,使之不参加排序* /
16          half ++;
17      for(j = half;j < str - 1;j ++)      /* 右边部分按字符的 ASCII 值升序排序* /
18          for(k = j + 1;k < str;k ++)
19              if(xx[i][j] > xx[i][k])
20              {    temp = xx[i][j];
21                   xx[i][j] = xx[i][k];
22                   xx[i][k] = temp;
23              }
24      }
25  }
```

第 55 套　参考答案及解析

【考点分析】本题考查对选票的统计。考查的知识点主要包括:C 语言循环结构、if 条件判断结构、逻辑表达式和字符比较操作。

【解题思路】首先通读题目,得知此题属于选票的统计题型;其次分析题干要求,本题要求实现 CountRs(void) 函数的功能,该函数需要统计出 100 条选票数据,并将统计结果保存到数组 yy 中;接着归纳出本题的 2 个关键点:关键点 1 如何统计每张选票的选择情况;关键点 2 根据题目给出的条件"全选或全不选的选票被认为无效"判断选票是否有效。

首先,对数组 yy 元素初始化为 0,接着通过一个循环嵌套结构依次判断每张选票数据的 10 个选举标志,以及每张选票的投票数量,对于不满足条件的选票数据直接跳过,并统计有效选票的投票情况,然后存入到数组 yy 中。

【参考答案】

```
1   void CountRs(void)
2   {    int i,j;                              /* 定义计数器变量* /
3        int count;                            /* 存储每张选票的选中人数,以判断选票是否有效* /
4        for(i = 0;i < 10;i ++)                /* 初始化数组 yy* /
5            yy[i] = 0;
6        for(i = 0;i < 100;i ++)               /* 依次取每张选票进行统计* /
7        {    count = 0;
8             for(j = 0;j < 10;j ++)           /* 统计每张选票的选中人数 count* /
9                 if(xx[i][j] == '1')
10                    count ++;
11            if(count! = 0 && count! = 10)    /* 如果既不是全选也不是空票,则为有效票* /
12                for(j = 0;j < 10;j ++)
13                    if(xx[i][j] == '1')
14                        yy[j] ++;
15       }
16  }
```

【易错提示】数组 yy 未初始化;判断选票是否有效的逻辑表达式。

第 56 套　参考答案及解析

【考点分析】本题考查对字符数组中字符计算和替换。考查的知识点主要包括:字符串数组的访问、字符 ASCII 码的算术运算、if 判断结构及逻辑表达式。

【解题思路】此题属于字符替代问题。分析题干要求,可以归纳出 3 个关键点:关键点 1 如何对字符数组的元素逐个访问;关键点 2 如何根据给出的函数替代关系"f(p) = p * 11 mod 256"对字符进行计算;关键点 3 根据条件(本题为"原字符的

ASCII 值是偶数或计算后 f(p)的值小于等于 32”)对计算结果进行判断,并分别对满足与不满足条件的情况进行处理。

通过问题分析,得出解此题的思路为:首先通过字符串处理函数 strlen 获取字符串的长度,再根据获得的长度使用下标法逐一对字符数组的元素进行访问;然后按照题目给出的函数关系式直接对字符进行算术运算;最后通过 if 判断结构和逻辑表达式判断计算结果是否满足条件,并分别对两种情况进行处理。

【参考答案】

```
1   void encryptChar()
2   {  int i,j;                                   /* 定义循环控制变量* /
3      int str;                                   /* 存储字符串的长度* /
4      char ch;                                   /* 存储当前取得的字符* /
5      for(i =0;i <maxline;i ++)                  /* 以行为单位获取字符* /
6      {  str =strlen(xx[i]);                     /* 求得当前行的字符串长度* /
7         for(j =0;j <str;j ++)                   /* 依次取每行的所有字符* /
8         {  ch =xx[i][j] * 11%256;
9            if(xx[i][j]%2 ==0 ||ch <=32)     /* 如果原字符的 ASCII 值是偶数或计算后的值小于等
10                                            于 32* /
11              continue;                                  /* 则该字符不变* /
12           else
13              xx[i][j] =ch;                  /* 否则将所对应的字符进行替代* /
14        }
15     }
16  }
```

【易错提示】根据函数替代关系对字符进行运算;if 判断结构中的逻辑表达式。

第 57 套　参考答案及解析

【考点分析】本题考查对字符数组中字符的计算和替换。考查的知识点主要包括:**字符串数组的访问、字符 ASCII 码的算术运算、if 判断结构及逻辑表达式**。

【解题思路】此题属于字符替代问题。分析题干要求,可以归纳出 3 个关键点:**关键点** 1 如何对字符数组的元素逐个访问;**关键点** 2 如何根据给出的函数替代关系“f(p) = p * 11 mod 256”对字符进行计算;**关键点** 3 根据条件(本题为“计算后 f(p)的值小于等于 32 或 f(p)对应的字符是数字 0 至 9”)对计算结果进行判断,并分别对满足与不满足条件的情况进行处理。

本题与上题解题思路相同。不同的是,替代关系的条件不同,本题为计算的 f(p)值不满足小于等于 32 或对应字符是数字 0 至 9。

【参考答案】

```
1   void encryptChar()
2   {  int i,j;                                      /* 定义循环控制变量* /
3      int str;                                      /* 存储字符串的长度* /
4      char ch;                                      /* 存储当前取得的字符* /
5      for(i =0;i <maxline;i ++)                     /* 以行为单位获取字符* /
6         {  str =strlen(xx[i]);                     /* 求得当前行的字符串长度* /
7            for(j =0;j <str;j ++)                   /* 依次取每行的所有字符* /
8               {  ch =xx[i][j] * 11%256;
9                  if(ch <=32 ||(ch >='0'&& ch <='9'))
10                    continue;   /* 如果计算后的值小于等于 32 或 f(p)对应的字符是数字 0 至 9,则该字符不
11                                变* /
12                 else
13                    xx[i][j] =ch;              /* 否则按给定的替代关系进行替代* /
14              }
15        }
16  }
```

【易错提示】根据函数替代关系对字符进行运算;if 判断结构中的逻辑表达式。

第58套　参考答案及解析

【考点分析】本题考查对字符数组中字符的计算和替换。考查的知识点主要包括:**字符串数组的访问、字符 ASCII 码的算术运算、if 判断结构及逻辑表达式**。

【解题思路】此题属于字符替代问题。分析题干要求,可以归纳出 3 个关键点:**关键点** 1 如何对字符数组的元素逐个访问;**关键点** 2 如何根据给出的函数替代关系"f(p) = p * 11 mod 256"对字符进行计算;**关键点** 3 根据条件(本题为"计算后 f(p)的值小于等于 32 或 f(p)对应的字符是小写字母")对计算结果进行判断,并分别对满足与不满足条件的情况进行处理。

本题与前两题思路相同。不同的是,本题的替代条件为计算后的 f(p)值不满足小于等于 32 或 f(p)对应的字符不是小写字母。

【参考答案】

```
1   void encryptChar()
2   {   int i,j;                                        /* 定义循环控制变量*/
3       int str;                                        /* 存储字符串的长度*/
4       char ch;                                        /* 存储当前取得的字符*/
5       for(i=0;i<maxline;i++)                          /* 以行为单位获取字符*/
6           {  str=strlen(xx[i]);                       /* 求得当前行的字符串长度*/
7              for(j=0;j<str;j++)                       /* 依次取各行的每个字符*/
8                  {  ch=xx[i][j] * 11%256;
9                     if ((ch>='a' && ch<='z') || ch<=32)
10                        continue;   /* 如果计算后的值小于等于 32 或对应的字符是小写字母,则该字符不变*/
11                    else
12                        xx[i][j]=ch;                  /* 否则用新字符来替代这个字符*/
13                 }
14          }
15  }
```

【易错提示】根据函数替代关系对字符进行运算;if 判断结构中的逻辑表达式。

第59套　参考答案及解析

【考点分析】本题考查对字符串中字符的替换。考查的知识点主要包括:**字符串数组的访问、字符之间的比较和替换、if 判断结构,以及逻辑表达式**。

【解题思路】此题属于字符替换题型。分析题干要求,可以归纳出 2 个关键点:**关键点** 1 如何实现对字符数组的元素逐一访问;**关键点** 2 如何根据条件(把所有的小写字母改写成该字母的上一个字母)对字符进行替换。

接着分析具体的解决方法,首先通过字符串处理函数 strlen 获取字符串的长度,然后根据获得的长度使用下标法对字符数组的元素逐一访问,并判断每个字符是否是小写字符,如果是则将字符替换为其上一个字符。其中对于小写字母"a",要将其替换成小写字母"z",这些可以通过 if 判断结构和逻辑表达式来完成。

【参考答案】

```
1   void CovertCharD()
2   {   int i,j;                                        /* 定义循环控制变量*/
3       int str;                                        /* 存储字符串的长度*/
4       for(i=0;i<maxline;i++)                          /* 逐行获取字符串*/
5           {   str=strlen(xx[i]);                      /* 求得各行的字符长度*/
6               for(j=0;j<str;j++)                      /* 逐个取每个字符进行处理*/
7                   if(xx[i][j]>='a'&& xx[i][j]<='z')   /* 如果是小写字符,只对小写字符进行处理*/
8                   {   if(xx[i][j]=='a')
9                           xx[i][j]='z';               /* 如果是小写字母 a,就改成字母 z*/
```

```
10          else
11              xx[i][j] -=1;                    /* 其余的改成该字母的上一个字母* /
12          }
13      }
14  }
```

【易错提示】对字符数组进行逐元素访问;if 判断结构中的逻辑表达式。

第 60 套　参考答案及解析

【考点分析】本题考查对字符串中字符的替换。考查的知识点主要包括:***字符串元素的访问、C 语言循环结构、if 判断结构及逻辑表达式***。

【解题思路】此题属于字符替换题型。分析题干要求,可以归纳出 2 个关键点:***关键点*** 1 用指针实现对字符串元素的逐一访问;***关键点*** 2 根据要求(把所有的小写字母改写成该字母的下一个字母)对字符进行替换。

接着分析具体的解决方法,首先通过指针的移动来实现对字符串的遍历,当指针指向位置的数值不为空时,通过 if 判断结构和逻辑表达式来实现对所有字母的替换操作。其中对于字母"z"和"Z",要分别将其替换成字母"a"和"A"。

【参考答案】

```
1   void chg(char * s)
2   {  while(* s)                          /* 若当前字符不是字符串结束符,则循环一直进行* /
3       if(* s =='z'||* s =='Z')            /* 将当前字母是'z'或者'Z' */
4       {   *s -=25;                        /*分别改成'a'或'A' */
5           s ++;                           /*取下一个字母*/
6       }
7       else if( *s >='a'&& * s <='y')      /* 若是小写字母,则改成该字母的下一个字母* /
8       {   * s +=1;
9           s ++;                           /* 取下一个字母* /
10      }
11      else if(* s >='A'&& * s <='Y')      /* 若是大写字母,则改成该字母的下一个字母* /
12      {   * s +=1;
13          s ++;                           /* 取下一个字母* /
14      }
15      else s ++;                          /* 取下一个字母* /
16  }
```

【易错提示】对字符数组进行逐元素访问;if 判断结构中的逻辑表达式。

第 61 套　参考答案及解析

【考点分析】本题考查对数组元素排序。考查的知识点主要包括:***数组元素的访问、起泡法排序***。

【解题思路】本题属于字符串操作类型题;本题考查用指针访问字符串的方法。

本题解题思路:首先,通过字符串处理函数(strlen())求出字符串的长度,保存第 1 个字符;然后,利用一个 for 循环将字符串依次左移一位;最后,将保存的第 1 个字符移到最后。

【参考答案】

```
1   void chg(char * s)
2   {  int i,str;                           /* 定义变量,保存字符串长度* /
3      char ch;                             /* 定义字符暂存变量* /
4      str =strlen(s);                      /* 求出字符串的长度* /
5      ch =* s;                             /* 将第 1 个字符暂赋给 ch* /
6      for(i =0;i <str -1;i ++)             /* 将字符依次左移* /
7          * (s +i) =* (s +i +1);
8      * (s +str -1) =ch;                   /* 将第 1 个字符移到最后* /
9   }
```

【易错提示】循环控制对数组元素的访问;if 判断结构中的逻辑表达式。

第62套　参考答案及解析

【考点分析】本题考查对字符数组中的字符计算和替换。考查的知识点主要包括:字符串数组的访问、字符 ASCII 码的算术运算、if 判断结构及逻辑表达式。

【解题思路】此题属于字符计算问题。分析题干要求,可以归纳出 3 个关键点:关键点 1 如何对字符数组的元素逐个访问;关键点 2 如何根据给出的函数替代关系(f(p) = p * 11 mod 256)对字符进行计算;关键点 3 根据条件(本题为"原字符是大写字母或计算后 f(p)的值小于等于 32")对计算结果进行判断,并分别对满足与不满足条件的情况进行处理。

通过问题分析,得出解此题的思路为:首先通过字符串处理函数 strlen 获取字符串的长度,再根据获得的长度使用下标法逐一对字符数组的元素进行访问;然后按照题目给出的函数关系式直接对字符进行算术运算;最后通过 if 判断结构和逻辑表达式判断计算结果是否满足条件,并分别对两种情况进行处理。

【参考答案】

```
1   void encryChar()
2   {  int i,j;                                          /* 定义循环控制变量 */
3      int str;                                          /* 存储字符串的长度 */
4      char ch;                                          /* 存储当前取得的字符 */
5      for(i = 0;i < maxline;i ++)                       /* 以行为单位获取字符 */
6      {  str = strlen(xx[i]);                           /* 求得当前行的字符串长度 */
7         for(j = 0;j < str;j ++)                        /* 依次取每行的所有字符 */
8         {  ch = xx[i][j] * 11%256;
9            if(xx[i][j] >= 'A'&& xx[i][j] <= 'Z' || ch <= 32)   /* 如果原字符是大写字母或计算后的值小
                                                          于等于 32 */
10              continue;                                /* 则此字符不变,取下一个字符 */
11           else
12              xx[i][j] = ch;                           /* 如果不满足条件,则用新字符替代原字符 */
13        }
14     }
15  }
```

【易错提示】根据函数替代关系对字符进行运算;if 判断结构中的逻辑表达式。

第63套　参考答案及解析

【考点分析】本题考查对字符数组中字符的计算。考查的知识点主要包括:字符串数组的访问、字符 ASCII 码的算术运算、位运算、if 判断结构,以及逻辑表达式。

【解题思路】首先通读题目,得知此题属于字符计算问题;其次分析题干要求,本题要求实现 CharConvA(void)函数的功能。分析后可以归纳出 2 个关键点:关键点 1 如何对字符数组的元素逐一访问;关键点 2 按照要求取每个位置的字符右移 4 位后和其下一个字符相加,并将结果作为该位置上的新字符,以此类推,需要注意的是,末尾位置的新字符是该位原字符和第 1 个原字符相加的结果。

接着分析每一步的解决方法,对于关键点 1 通过字符串处理函数 strlen 获取字符串的长度,再通过获得的长度用下标法对字符数组的字符元素逐一访问;关键点 2 在遍历访问字符时,可以直接取下一个位置的字符进行运算,在进行计算的开始需要首先保存第 1 个位置的字符,以作为计算最后位置新字符的条件。

【参考答案】

```
1   void CharConvA(void)
2   {  int i,j,k;                                        /* 定义循环控制变量 */
3      int str;                                          /* 存储字符串长度 */
4      char ch;                                          /* 暂存最后一个字符 */
5         for(i = 0;i < maxline;i ++)                    /* 以行为单位获取字符 */
6         {  str = strlen(xx[i]);                        /* 求得当前行的字符串长度 */
```

```
7            ch = xx[i][str -1];   /* 将最后一个字符暂存入 ch 中* /
8                for(j = str -1;j >0;j --)                 /* 从最后一个字符开始,直到第 2 个字符* /
9                    xx[i][j] = (xx[i][j] >>4) + xx[i][j -1];   /* 当前字符 ASCII 值右移 4 位加前一个字符
10                                                              的 ASCII 值,得到新的当前字符* /
11               xx[i][0] += ch;      /* 第 1 个字符的 ASCII 值加最后一个字符的 ASCII 值,得到新的第 1 个字符* /
12           }
13       }
14
```

【易错提示】最后一个字符的计算;逆序存储算法的选择。

第 64 套　参考答案及解析

【考点分析】本题考查对字符的排序。考查的知识点主要包括:**字符串元素的遍历访问、逻辑表达式、数组排序算法**。

【解题思路】此题属于字符排序题型。分析题干要求,可以归纳出 2 个问题:**问题** 1 如何实现从字符串中间一分为二,并将左边部分按字符的 ASCII 值升序排序;**问题** 2 如何按照要求将字符串的左右两个部分对换。

接着分析具体的解决方法,首先用字符串处理函数 strlen 获得字符串的长度,进而求得该长度的二分之一,并由其实现对字符串左半部分元素的访问,排序可以使用起泡法实现;然后同时从字符串的中间和末尾位置进行访问,使两个位置所对应的字符进行交换,交换过后,这两个位置值(也就是下标值)分别前移,再进行对应位置字符的交换。

【参考答案】

```
1    void jsSort()
2    {   int i,j,k;                                          /* 定义计数器变量* /
3        int str,half;                                       /* 定义存储字符串长度的变量* /
4        char temp;                                          /* 定义数据交换时的暂存变量* /
5        for(i =0;i <20;i ++)                                /* 逐行对数据进行处理* /
6        {  str = strlen(xx[i]);                             /* 求出字符串的长度* /
7           half = str/2;                                    /* 确定各行中字符串的中间位置* /
8           for(j =0;j <half -1;j ++)                        /* 对中间位置以前的字符进行升序排序* /
9               for(k = j +1;k <half;k ++)
10                  if(xx[i][j] > xx[i][k])
11                     {  temp = xx[i][j];
12                        xx[i][j] = xx[i][k];
13                        xx[i][k] = temp;
14                     }
15          for(j = half -1,k = str -1;j >=0;j --,k --)      /* 将左边部分与右边部分对应的字符进行交换* /
16          {
17              temp = xx[i][j];
18              xx[i][j] = xx[i][k];
19              xx[i][k] = temp;
20          }
21       }
22   }
```

【易错提示】排序结构中的逻辑表达式。

第 65 套　参考答案及解析

【考点分析】本题考查对选票的统计。考查的知识点主要包括:C **语言循环结构、if 条件判断结构、逻辑表达式、字符比较操作**。

【解题思路】首先通读题目,得知此题属于选票的统计题型;其次分析题干要求,本题要求实现 CountRs(void)函数的功能,该函数需要统计出 100 条选票数据,并将统计结果保存入数组 yy 中;接着归纳出本题的 2 个关键点:**关键点** 1 如何统计每张选票的选择情况;**关键点** 2 根据题目给出的条件(选中人数大于 5 个人时被认为无效)判断选票是否有效。

首先,对数组 yy 元素初始化为 0;然后通过一个循环嵌套结构依次判断每张选票数据的 10 个选举标志,并统计每张选票的投票数量，对于不满足条件的选票数据直接跳过最后；统计有效选票的投票情况并存入到数组 yy 中。

【参考答案】

```
1   void CountRs(void)
2   { int i,j;                                  /* 定义计数器变量* /
3     int count;                                /* 存储每张选票的选中人数,以判断选票是否有效* /
4     for(i=0;i<10;i++)                         /* 初始化数组 yy* /
5         yy[i]=0;
6     for(i=0;i<100;i++)                        /* 依次取每张选票进行统计* /
7     {   count=0;
8         for(j=0;j<10;j++)                     /* 统计每张选票的选中人数 count* /
9             if(xx[i][j]=='1')
10                count++;
11        if(count<=5)                          /* 当 count 值小于等于 5 时为有效选票* /
12            for(j=0;j<10;j++)                 /* 统计有效选票* /
13                if(xx[i][j]=='1')
14                    yy[j]++;
15    }
16  }
```

【易错提示】数组 yy 未初始化；判断选票是否有效的逻辑表达式。

第 66 套　参考答案及解析

【考点分析】本题考查对结构体数组的排序，可以用起泡法来实现。考查的知识点包括：**结构体成员运算、字符串比较符、数组排序算法**。

【解题思路】此题属于销售记录类题型。解题时，应注意 3 个关键点：**关键点** 1 本题为按产品名称从大到小排序；**关键点** 2 本题为假如产品名称相同；**关键点** 3 本题为按产品金额从小到大排列。

本题在每次记录比较时，首先用字符串比较函数 strcmp 比较两个产品的名称，如果返回的值小于 0，则这两个产品进行数据交换；如果返回值等于 0，再比较两个产品的金额；如果前一个产品的金额大于后一个产品的金额，则这两个产品进行数据交换。

【参考答案】

```
1   void SortDat()
2   { int i,j;                                          /* 定义循环控制变量* /
3     PRO temp;                 /* 定义数据交换时的暂存变量(这里是 PRO 类型的结构体变量)* /
4     for(i=0;i<99;i++)                                 /* 利用起泡法进行排序* /
5         for(j=i+1;j<100;j++)
6             if(strcmp(sell[i].mc,sell[j].mc)<0)       /* 按产品名称从大到小进行排列* /
7             {   temp=sell[i];
8                 sell[i]=sell[j];
9                 sell[j]=temp;
10            }
11            else if(strcmp(sell[i].mc,sell[j].mc)==0)  /* 若产品名称相同,按金额从小到大排列* /
12                if(sell[i].je>sell[j].je)
13                {   temp=sell[i];
14                    sell[i]=sell[j];
15                    sell[j]=temp;
16                }
17  }
```

【易错提示】结构型数据对成员的访问用“.”成员运算符；两个字符串的比较用字符串比较函数 strcmp；if 结构中的逻辑表达式。

第67套　参考答案及解析

【考点分析】本题考查对整数的筛选及数组排序。考查的知识点主要包括:C语言循环结构、逻辑表达式等。

【解题思路】此题属于2位数的筛选题。分析题干要求,本题要求实现jsVal()函数的功能,归纳可以得出2个问题:问题1如何根据判断条件(数组a和b中相同下标位置的数是否都是奇数)筛选出满足条件的数,同时统计其个数,问题2如何将这些数按从小到大的顺序排列。

通过问题分析,得出解此题的思路为:先根据题目中的条件筛选出满足条件的数并存入新的数组中,再对新数组进行排序。对于问题1通过if条件判断语句和逻辑表达式可以实现;问题2排序可以通过循环嵌套的起泡法实现。

【参考答案】

```
1   void jsVal()
2       {
3           int i,j;                                        /* 定义循环变量* /
4           int temp;                                       /* 用于存储排序中的中间变量* /
5           for (i =0;i < =MAX - 1;i + +)                   /* 循环查找符合条件的元素* /
6               if ( (a[i] %2 ! =0) && (b[i] %2 ! =0))
7               {  /* 判断数组 a 和 b 中相同下标位置的数是否符合都是奇数* /
8                   c[i] =(a[i]/10)* 1000 + (b[i]/10)* 100 + (b[i]%10)* 10 + (a[i]%10);
9                   /* 数组 a 中十位数字为新数的千位数字,个位数字仍为新数的个位数字;数组 b 中的十位数字为新数的百
                    位数字,个位数字为新数的十位数字* /
10                  cnt + +;                                /* 记录 c 中个数* /
11              }
12          for (i =0;i <MAX - 1;i + +)                     /* 将 C 中的元素按从小到大顺序排列* /
13              for (j =0;j <MAX - i - 1; j + +)
14                  if (c[j] > c[j +1])
15                  {
16                      temp =c[j];
17                      c[j] =c[j + 1];
18                      c[j +1] =temp;
19                  }
20      }
```

【易错提示】分解4位数算法的使用;对4位数筛选和排序时if结构中的逻辑表达式。

第68套　参考答案及解析

【考点分析】本题考查对多个整数的筛选及排序。考查的知识点主要包括:多位整数的分解算法、逻辑表达式、数组排序算法。

【解题思路】此题属于4位数的筛选类题,并且需将各位数组成新的2位数,再筛选排序。解题时,需主要解决4个问题:问题1如何取得4位数的各个数位数字;问题2如何按照要求组成新的2位数字ab(本题为千位数字与十位数字),以及组成cd(本题为个位数字与百位数字);问题3如何通过判断条件(本题为新组成的两个2位数ab<cd,ab必须是奇数且不能被5整除,cd必须是偶数,同时两个新十位数字均不为零)筛选出满足条件的数,并统计出满足条件的数的个数;问题4如何对数组中的数进行从大到小的排序。

通过问题分析,得出解此题的思路为:先求出每个数的各位数字,再根据各位数数字组成2位数的条件筛选出满足要求的数并存入新的数组中,最后对新数组进行排序。问题2由加法和乘法得出的各位数字组成新的2位数(本题为ab=10*a4+a2, cd=10*a1+a3),问题3的条件可以由逻辑表达式实现(本题为"(ab<cd)&&(ab%2==1)&&(ab%5!=0)&&(cd%2==0)&&a4!=0&&a1!=0")。

【参考答案】

```
1   void jsVal()
2   {  int i,j;                                    /* 定义循环控制变量* /
3      int a1,a2,a3,a4;                            /* 定义变量保存4位数的每位数字* /
4      int temp;                                   /* 定义数据交换时的暂存变量* /
5      int ab,cd;                                  /* 存储重新组合成的2位数* /
6      for(i =0;i <200;i ++)                       /* 逐个取每一个4位数* /
7      {   a4 =a[i]/1000;                          /* 求4位数的千位数字* /
8          a3 =a[i]%1000/100;                      /* 求4位数的百位数字* /
9          a2 =a[i]%100/10;                        /* 求4位数的十位数字* /
10         a1 =a[i]%10;                            /* 求4位数的个位数字* /
11         ab =10* a4 +a2;                 /* 把千位数和十位数重新组合成一个新的2位数ab* /
12         cd =10* a1 +a3;                   /* 把个位数和百位数组合成另一个新的2位数cd* /
13         if((ab <cd)&&(ab%2 ==1)&&(ab%5! =0)&&(cd%2 ==0)&&a4! =0&&a1! =0)
14         /* 如果ab <cd,ab是奇数且不能被5整除,cd是偶数,同时两个新2位数的十位上的数字均不为零* /
15         {   b[cnt] =a[i];                       /* 将满足条件的数存入数组b中* /
16             cnt ++;                             /* 统计满足条件的数的个数* /
17         }
18     }
19     for(i =0;i <cnt -1;i ++)                    /* 将数组b中的4位数按从大到小的顺序排序* /
20         for(j =i +1;j <cnt;j ++)
21             if(b[i] <b[j])
22             {  temp =b[i];
23                b[i] =b[j];
24                b[j] =temp;
25             }
26         }
27     }
```

【易错提示】分解4位数算法的使用;对4位数筛选和排序时if结构中的逻辑表达式。

第69套　参考答案及解析

【考点分析】本题考查对多个整数的筛选及求平均值。考查的知识点主要包括:***多位整数的分解算法、逻辑表达式、平均值的计算方法***。

【解题思路】本题同第92、93、94套,属于字符串类题。首先用strlen()函数得到当前行所包含的字符个数,然后利用一个循环来依次访问该行中的所有字符。对于每一个字符,先按照题目中的函数替代关系"f(p) = p * 11 mod 256"计算出相应的f(p)值,再用一条if语句判断该值是否符合本题给定的条件:"计算后的值小于等于32或为奇数"。如果符合条件,则该字符不变,否则用f(p)所对应的字符对其进行替代。

【参考答案】

```
1   void encryChar()
2   {  int i,j;                                    /* 定义循环控制变量* /
3      int str;                                    /* 存储字符串的长度* /
4      char ch;                                    /* 存储当前取得的字符* /
5      for(i =0;i <maxline;i ++)                   /* 以行为单位获取字符* /
6         {  str =strlen(xx[i]);                   /* 求得当前行的字符串长度* /
7            for(j =0;j <str;j ++)                 /* 依次取每行的所有字符* /
8            {  ch =xx[i][j] * 11%256;
9               if(ch <=32 ||ch%2! =0)
10                                                 /* 如果计算后的值小于等于32或为奇数* /
```

```
11                  continue; /* 则不作改变,指向下一个字符* /
12                  else
13                      xx[i][j] = ch; /* 否则用新字符取代原有字符* /
14              }
15          }
16      }
```

【易错提示】分解4位数时算术运算符的使用;if判断语句中的逻辑表达式。

第70套　参考答案及解析

【考点分析】本题考查对整数的筛选及数组排序。考查的知识点主要包括:C语言循环结构、逻辑表达式、求平均值算法。

【解题思路】此题属于4位数的筛选题型。分析题干要求,本题要求实现jsVal()函数的功能,归纳可以得出2个问题:问题1如何通过判断条件(如果4位数连续大于该4位数以前的5个数且该数是奇数)筛选出满足条件的数,同时统计其个数,问题2如何将这些数按照从大到小的顺序排列。

通过问题分析,得出解此题的思路为:先根据题目中的条件筛选出满足条件的数并存入新的数组中,再对新数组进行排序。对于问题1通过if条件判断语句和逻辑表达式可以实现;问题2排序可以通过循环嵌套的起泡法实现。

【参考答案】

```
1     void jsVal()
2     {  int i,j;                                        /* 定义循环控制变量* /
3        int temp;                                       /* 定义数据交换时的暂存变量* /
4        for(i = 5;i < MAX;i ++)                         /* 逐个取每个4位数* /
5           if(a[i]%2! = 0 && a[i]%7 == 0)  /* 如果当前数是奇数且可以被7整除,则统计出满足此条件的数的个数* /
6           {
7              for(j = i - 5;j <= i - 1;j ++)            /* 取该数前面的5个数进行比较* /
8                 if(a[i] < a[j])
9                    break;              /* 如果当前数不满足比前面5个数都大的条件,则跳出循环* /
10                else if(j == i - i)                    /* 如果当前数比前面的5个数都大* /
11                {  b[cnt] = a[i];                      /* 将满足条件的数存入数组b中* /
12                   cnt ++;                             /* 并统计满足条件的数的个数cnt* /
13                }
14          }
15       for(i = 0;i < cnt - 1;i ++)              /* 利用起泡法对数组b中的元素进行从大到小的排序* /
16          for(j = i + 1;j < cnt;j ++)
17             if(b[i] < b[j])
18             {  temp = b[i];
19                b[i] = b[j];
20                b[j] = temp;
21             }
22    }
```

【易错提示】循环控制语句;if判断结构中的逻辑表达式。

第71套　参考答案及解析

【解题思路】此题属于4位数的筛选类题。解此类题目需主要解决3个问题:问题1如何取得4位数的各个数位数字;问题2如何通过条件(各位上的数字均是0、2、4、6、8)筛选出满足条件的数;问题3如何按照要求(从大到小的顺序)对数组中的数进行排序。

通过问题分析,得出解此题的思路为:先求出每个数的各位数字,再根据各位数数字筛选出满足条件的数并存入新的数组中,最后对新数组进行排序。对于**问题**1通过算术运算取余和除法可以分解得到4位数的各个数位上的数字;**问题**2通过if条件判断语句和逻辑表达式可以实现;**问题**3排序可以通过循环嵌套的起泡法来完成。

【参考答案】

```
1   void jsVal()
2   {  int i,j;                                    /* 定义循环控制变量* /
3      int a1,a2,a3,a4;                            /* 定义变量保存4位数的每位数字* /
4      int temp;                                   /* 定义数据交换时的暂存变量* /
5      for(i =0;i <200;i ++)                       /* 逐个取每一个4位数* /
6      {   a4 =a[i]/1000;                          /* 求4位数的千位数字* /
7          a3 =a[i]%1000/100;                      /* 求4位数的百位数字* /
8          a2 =a[i]%100/10;                        /* 求4位数的十位数字* /
9          a1 =a[i]%10;                            /* 求4位数的个位数字* /
10         if(a4%2 ==0 && a3%2 ==0 && a2%2 ==0 && a1%2 ==0)  /* 如果各位上的数字均是0或2或4或6
11                                                  或8* /
12         {  b[cnt] =a[i];                        /* 将满足条件的数存入数组b中* /
13            cnt ++;                              /* 统计满足条件的数的个数cnt* /
14         }
15     }
16     for(i =0;i <cnt -1;i ++)                    /* 将数组b中的数按从大到小的顺序排序* /
17         for(j =i +1;j <cnt;j ++)
18             if(b[i] <b[j])
19             {  temp =b[i];
20                b[i] =b[j];
21                b[j] =temp;
22             }
23  }
```

第72套　参考答案及解析

【解题思路】此题属于4位数的筛选类题。解此类题目需主要解决3个问题:**问题**1如何取得4位数的各个数位数字;**问题**2如何通过条件(本题为个位数减千位数减百位数减十位数大于零)筛选出满足条件的数;**问题**3如何按照要求(本题为从大到小的顺序)对数组中的数进行排序。

本题的解题思路和上一套相同,不同的是本套的筛选条件为个位数减千位数减百位数减十位数大于零(a1 - a4 - a3 - a2 >0)

【参考答案】

```
1   void jsValue()
2   {  int i,j;                                    /* 定义循环控制变量* /
3      int a1,a2,a3,a4;                            /* 定义变量保存4位数的每位数字* /
4      int temp;                                   /* 定义数据交换时的暂存变量* /
5      for(i =0;i <300;i ++)                       /* 逐个取每一个4位数* /
6      {   a4 =a[i]/1000;                          /* 求4位数的千位数字* /
7          a3 =a[i]%1000/100;                      /* 求4位数的百位数字* /
8          a2 =a[i]%100/10;                        /* 求4位数的十位数字* /
9          a1 =a[i]%10;                            /* 求4位数的个位数字* /
10         if(a1 -a4 -a3 -a2 >0)                   /* 如果个位数减千位数减百位数减十位数大于零* /
11         {  b[cnt] =a[i];                        /* 则将满足条件的数存入数组b中* /
12            cnt ++;                              /* 统计满足条件的数的个数* /
13         }
14     }
15     for(i =0;i <cnt -1;i ++)                    /* 对数组b的4位数按从大到小的顺序进行排序* /
```

```
16        for(j=i+1;j<cnt;j++)
17            if(b[i]<b[j])
18            {   temp=b[i];
19                b[i]=b[j];
20                b[j]=temp;
21            }
22    }
```

第73套　参考答案及解析

【解题思路】此题属于4位数的筛选类题。解此类题目需主要解决3个问题：问题1如何取得4位数的各个数位数字；问题2如何通过条件（本题为千位数上的值减百位数上的值再减十位数上的值减个位数上的值大于等于零且此4位数是奇数）筛选出满足条件的数；问题3如何按照要求（本题为从小到大的顺序）对数组中的数进行排序。

通过问题分析，得出解此类题的一般思路为：先求出每个数的各位数字，再根据各位数数字筛选出满足条件的数并存入新的数组中，最后对新数组进行排序。对于问题1通过算术运算取余和取模可以分解得到4位数的各个数位上的数字；问题2通过if条件判断语句和逻辑表达式可以实现；问题3排序可以通过循环嵌套的起泡法来完成。

【参考答案】

```
1   void jsVal()
2   {
3       int i,j;                                /* 定义循环控制变量* /
4       int a1,a2,a3,a4;                        /* 定义变量保存4位数的每位数字* /
5       int temp;                               /* 定义数据交换时的暂存变量* /
6       for(i=0;i<200;i++)                      /* 逐个取每一个4位数* /
7       {
8           a4=a[i]/1000;                       /* 求4位数的千位数字* /
9           a3=a[i]%1000/100;                   /* 求4位数的百位数字* /
10          a2=a[i]%100/10;                     /* 求4位数的十位数字* /
11          a1=a[i]%10;                         /* 求4位数的个位数字* /
12          if((a4-a3-a2-a1>=0) && a1%2!=0)
13          /* 如果千位数字减百位数字再减十位数字减个位数字得出的值大于等于零且此4位数是奇数* /
14          {
15              b[cnt]=a[i];                    /* 则将该数存入数组b中* /
16              cnt++;                          /* 统计满足条件的数的个数* /
17          }
18      }
19      for(i=0;i<cnt-1;i++)              /* 对数组b中的4位数按从小到大的顺序进行排序* /
20          for(j=i+1;j<cnt;j++)
21              if(b[i]>b[j])
22              {
23                  temp=b[i];
24                  b[i]=b[j];
25                  b[j]=temp;
26              }
27  }
```

第74套　参考答案及解析

【解题思路】本题属于字符串操作类题，考查对二维字符数组元素的操作。

本题解题思路：首先可以利用双重循环按照先行后列的顺序逐个取得数组中的字符，外层循环用来控制行数，内层循环用来依次取得各行中的每一个字符；然后对当前所取得的字符进行右移4位的运算（这里用到了“>>”右移运算符）；最后把移后得到的字符累加到原字符中，这样原来字符就可以被新的字符所覆盖。

【参考答案】

```
1   void StrCharJR(void)
2   {   int i,j;                                  /* 定义循环控制变量* /
3       int str;                                  /* 存储字符串的长度* /
4       for(i=0;i<maxline;i++)                    /* 以行为单位获取字符* /
5       {   str=strlen(xx[i]);                    /* 求得当前行的字符串长度* /
6           for(j=0;j<str;j++)
7               xx[i][j] +=xx[i][j] >>4;   /* 字符的ASCII值右移4位再加上原字符的ASCII值,得到新字符* /
8       }
9   }
```

第75套　参考答案及解析

【解题思路】此题属于4位数的筛选类题。解此类题目需主要解决3个问题：问题1如何取得4位数的各个数位数字；问题2如何通过条件（本题为4位数的千位数字上的值大于等于百位数字上的值，百位数字上的值大于等于十位数字上的值，以及十位数字上的值大于等于个位数字上的值，并且此4位数是奇数）筛选出满足条件的数；问题3如何按照要求（本题为从小到大的顺序）对数组中的数进行排序。

本套解题思路与前几套相同。不同的是，本套在求各位数数字后的筛选条件为：千位数字大于等于百位数字，百位数字大于等于十位数字，十位数字大于等于个位数字，并且此数是奇数。

【参考答案】

```
1   void jsVal()
2   {  int i,j;                                   /* 定义循环控制变量* /
3      int a1,a2,a3,a4;                           /* 定义变量保存4位数的每位数字* /
4      int temp;                                  /* 定义数据交换时的暂存变量* /
5      for(i=0;i<200;i++)                         /* 逐个取每一个4位数* /
6      {  a4=a[i]/1000;                           /* 求4位数的千位数字* /
7         a3=a[i]%1000/100;                       /* 求4位数的百位数字* /
8         a2=a[i]%100/10;                         /* 求4位数的十位数字* /
9         a1=a[i]%10;                             /* 求4位数的个位数字* /
10        if((a4>=a3)&&(a3>=a2)&&(a2>=a1)&&a1%2!=0)
11        {  /* 如果千位数字大于等于百位数字,百位数字大于等于十位数字,十位数字大于等于个位数字,并且此数是
12           奇数* /
13           b[cnt]=a[i];                         /* 则将满足条件的数存入数组b中* /
14           cnt++;                               /* 统计满足条件的数的个数* /
15        }
16     }
17     for(i=0;i<cnt-1;i++)                       /* 将数组b中的数按从小到大的顺序排列* /
18         for(j=i+1;j<cnt;j++)
19             if(b[i]>b[j])
20             {
21                 temp=b[i];
22                 b[i]=b[j];
23                 b[j]=temp;
24             }
25  }
```

第76套　参考答案及解析

【解题思路】此题属于销售记录类题型;此类题型主要考查对结构体数组的排序。解题时,应注意3个关键点:**关键点**1本题为按产品金额从大到小排序;**关键点**2本题为如果产品金额相同;**关键点**3本题为按产品名称从小到大排列。

本题在每次记录比较时,首先比较两个产品的金额,如果前一个产品的金额小于后一个产品的金额,则这两个产品进行数据交换;若产品的金额相等,则用字符串比较函数strcmp比较两个产品的名称,如果返回的值大于0,则这两个产品进行数据交换。

【参考答案】

```
1   void SortDat()
2   {  int i,j;                                          /* 定义循环控制变量 */
3      PRO temp;                                         /* 定义数据交换时的暂存变量 */
4      for(i=0;i<99;i++)                                 /* 利用起泡法进行排序 */
5          for(j=i+1;j<100;j++)
6          {  if (sell[i].je<sell[j].je)                 /* 按金额从大到小进行排列 */
7             {  temp=sell[i];
8                sell[i]=sell[j];
9                sell[j]=temp;
10            }
11            else if (sell[i].je==sell[j].je)           /* 若金额相同 */
12            if (strcmp(sell[i].mc,sell[j].mc)>0)       /* 则按产品名称从小到大进行排列 */
13            {  temp=sell[i];
14               sell[i]=sell[j];
15               sell[j]=temp;
16            }
17         }
18  }
```

第77套　参考答案及解析

【解题思路】此题属于销售记录类题型;此类题型主要考查对结构体数组的排序。解题时,应注意3个关键点:**关键点**1本题为按产品代码从大到小排序;**关键点**2本题为如果产品代码相同;**关键点**3本题为按产品金额从大到小排列。

本题在每次记录比较时,首先用字符串比较函数strcmp比较两个产品的代码,如果返回的值小于0,则这两个产品进行数据交换;如果返回值等于0,再比较两个产品的金额,如果前一个产品的金额小于后一个产品的金额,则这两个产品进行数据交换。

【参考答案】

```
1   void SortDat()
2   {  int i,j;                                          /* 定义循环控制变量 */
3      PRO temp;                                         /* 定义数据交换时的暂存变量 */
4      for(i=0;i<99;i++)                                 /* 利用起泡法进行排序 */
5          for(j=i+1;j<100;j++)
6          {  if(strcmp(sell[i].dm,sell[j].dm)<0)        /* 按产品代码从大到小进行排列 */
7             {  temp=sell[i];
8                sell[i]=sell[j];
9                sell[j]=temp;
10            }
11            else if(strcmp(sell[i].dm,sell[j].dm)==0)/* 若产品代码相同 */
12               if(sell[i].je<sell[j].je)               /* 则按金额从大到小进行排列 */
```

```
13                          {   temp = sell[i];
14                              sell[i] = sell[j];
15                              sell[j] = temp;
16                          }
17                  }
18          }
```

第78套　参考答案及解析

【解题思路】此题属于销售记录类题型;此类题型主要考查对结构体数组的排序。解题时,应注意3个关键点:关键点1本题为按产品名称从小到大排序;关键点2本题为如果产品名称相同;关键点3本题为按产品金额从大到小排列。

本题在每次记录比较时,首先用字符串比较函数strcmp比较两个产品的名称,如果返回的值大于0,则这两个产品进行数据交换;如果返回值等于0,再比较两个产品的金额,如果前一个产品的金额小于后一个产品的金额,则这两个产品进行数据交换。

【参考答案】

```
1   void SortDat()
2   {   int i,j;                                            /* 定义计数器变量* /
3       PRO temp;                                           /* 定义数据交换时的暂存变量* /
4       for(i = 0;i < 99;i ++)                              /* 利用起泡法进行排序* /
5           for(j = i + 1;j < 100;j ++)
6           {   if(strcmp(sell[i].mc,sell[j].mc) > 0)       /* 按产品名称从小到大排列* /
7               {   temp = sell[i];
8                   sell[i] = sell[j];
9                   sell[j] = temp;
10              }
11              else if (strcmp(sell[i].mc,sell[j].mc) == 0)  /* 若产品名称相同* /
12                  if (sell[i].je < sell[j].je)            /* 则按金额从大到小进行排列* /
13                  {   temp = sell[i];
14                      sell[i] = sell[j];
15                      sell[j] = temp;
16                  }
17          }
18  }
```

第79套　参考答案及解析

【解题思路】此题属于销售记录类题型;此类题型主要考查对结构体数组的排序。解题时,应注意3个关键点:关键点1本题为按产品金额从小到大排序;关键点2本题为如果产品金额相同;关键点3本题为按产品代码从大到小排列。

本题在每次记录比较时,首先比较两个产品的金额,如果前一个产品的金额大于后一个产品的金额,则这两个产品进行数据交换;若产品的金额相等,则用字符串比较函数strcmp比较两个产品的代码,如果返回的值小于0,则这两个产品进行数据交换。

【参考答案】

```
1   void SortDat()
2   {
3       int i,j;                                            /* 定义循环控制变量* /
4       PRO temp;                                           /* 定义数据交换时的暂存变量* /
5       for(i = 0;i < 99;i ++)                              /* 利用起泡法进行排序* /
6           for(j = i + 1;j < 100;j ++)
7           {
8               if (sell[i].je > sell[j].je)                /* 按金额从小到大进行排列* /
```

```
9           {
10              temp = sell[i];
11              sell[i] = sell[j];
12              sell[j] = temp;
13          }
14          else if (sell[i].je == sell[j].je) /* 若金额相同* /
15              if (strcmp(sell[i].dm,sell[j].dm) < 0)    /* 则按产品代码从大到小进行排列* /
16              {
17                  temp = sell[i];
18                  sell[i] = sell[j];
19                  sell[j] = temp;
20              }
21      }
22  }
```

第80套　参考答案及解析

【解题思路】此题属于销售记录类题型;此类题型主要考查对结构体数组的排序。解题时,应注意3个关键点:**关键点**1本题为按产品金额从小到大排序;**关键点**2本题为如果产品金额相同;**关键点**3本题为按产品代码从小到大排列。

本题在每次记录比较时,首先比较两个产品的金额,如果前一个产品的金额大于后一个产品的金额,则这两个产品进行数据交换;若产品的金额相等,则用字符串比较函数strcmp比较两个产品的代码,如果返回的值大于0,则这两个产品进行数据交换。

【参考答案】

```
1   void SortDat()
2   {   int i,j;                                        /* 定义循环控制变量* /
3       PRO temp;                                       /* 定义数据交换时的暂存变量* /
4       for(i = 0;i < 99;i ++)
5           for(j = i + 1;j < 100;j ++)
6           { if (sell[i].je > sell[j].je)              /* 按金额从小到大进行排列* /
7               {   temp = sell[i];
8                   sell[i] = sell[j];
9                   sell[j] = temp;
10              }
11              else if (sell[i].je == sell[j].je)      /* 若金额相同* /
12                  if (strcmp(sell[i].dm,sell[j].dm) > 0)  /* 则按产品代码从小到大进行排列* /
13                  {   temp = sell[i];
14                      sell[i] = sell[j];
15                      sell[j] = temp;
16                  }
17          }
18  }
```

第81套　参考答案及解析

【解题思路】本题属于数学类问题,主要考查的是奇、偶数的判断和方差的求法。

解本题的思路为:首先用循环控制取每一个数进行判断,若一个数除以2取余得0,则该数是偶数,否则为奇数,然后分别统计奇数和偶数的个数、总和并保存所有满足条件的偶数;最后由方差公式可知,这是求一些连续的数的表达式的和,所以可以使用循环求得方差。

【参考答案】

```
1   void Compute(void)
2   {   int i,tt[MAX];                              /* 定义数组tt计算总和* /
3       for(i =0;i <1000;i ++)
4           if(xx[i]%2! =0)                         /* 判断当前数的奇偶性* /
5           {   odd ++;                             /* 统计奇数的个数* /
6               ave1 +=xx[i];                       /* 求奇数的总和* /
7           }
8           else
9           {   even ++;                            /* 统计偶数的个数* /
10              ave2 +=xx[i];                       /* 求偶数的总和* /
11              tt[even -1] =xx[i];                 /* 将偶数存入数组tt中* /
12          }
13      ave1/ =odd;                                 /* 求奇数的平均数* /
14      ave2/ =even;                                /* 求偶数的平均数* /
15      for(i =0;i <even;i ++)                      /* 求所有偶数的方差* /
16          totfc += (tt[i] -ave2)* (tt[i] -ave2)/even;
17  }
```

第82套　参考答案及解析

【解题思路】本题属于数学类问题;要求判断在100以内,满足i、i+4、i+10都是素数的数的个数。因为i+10也必须在100以内,1不是素数,所以我们可以从2开始判断到89即可(90是偶数,明显不是素数)。本题已经给出了判断素数的函数,所以这里只需调用即可。通过一个if语句判断i、i+4及i+10是否都是素数,对满足条件的数进行求和,同时用cnt统计其个数。

【参考答案】

```
1   void countValue()
2   {   int i;                                      /* 定义循环控制变量* /
3       cnt =0;
4       sum =0;                                     /* 初始化变量* /
5       for(i =2;i <90;i ++)                        /* 范围为100以内* /
6           if(isPrime(i) && isPrime(i +4)&&isPrime(i +10))
7           {   cnt ++;                             /* 统计满足条件的数的个数* /
8               sum +=i;                            /* 将满足条件的数求和* /
9           }
10  }
```

第83套　参考答案及解析

【解题思路】本题属于数学类题。根据题意可知,函数jsValue()要实现两个功能:一是找出为素数的数,并存放在数组b中;二是对数组b中的数进行从小到大的排序。

首先要找出满足条件的数,即素数。题目中已给出了判断素数的函数,因此只需调用即可;然后,将这些素数存入数组b中,并用变量cnt来统计数组b中元素的个数;最后,将所有满足条件的数取出后利用起泡法进行排序,即将当前元素依次同它后面的元素进行比较,发现有大于该数的数,就将这两个数进行交换。

【参考答案】

```
1   void jsValue()
2   {  int i,j;                       /* 定义循环控制变量* /
3      int temp;                      /* 定义数据交换时的暂存变量* /
4      for(i=0;i<300;i++)             /* 逐个取4位数* /
5          if(isP(a[i]))              /* 如果该数为素数,则将该数存入数组b中* /
6          {  b[cnt]=a[i];
7             cnt++;                  /* 并统计满足条件的数的个数* /
8          }
9      for(i=0;i<cnt-1;i++)           /* 对数组b的4位数按从小到大的顺序进行排序* /
10         for(j=i+1;j<cnt;j++)
11             if(b[i]>b[j])
12             {  temp=b[i];
13                b[i]=b[j];
14                b[j]=temp;
15             }
16  }
```

第84套　参考答案及解析

【解题思路】本题属于数学类题。本题思路为:首先利用一个for循环来依次从数组中取得满足条件的数,由于题目要求求数组中正整数的个数,只要某个整数大于零,则该数即是正整数,再通过变量totNum来统计正整数的个数;然后求出该数的每位数字,并判断是否满足条件"各位数字之和是奇数",再用变量totCnt和totPjz分别计算出满足条件的数的个数和这些数的和sum;最后求出这些数的平均值。

【参考答案】

```
1   void CalValue()
2   {  int i;                         /* 定义循环控制变量* /
3      int a1,a2,a3,a4;               /* 用来存储正整数的每一位数字* /
4      for(i=0;i<200;i++)             /* 逐个取数组中的数进行统计* /
5          if(xx[i]>0)                /* 判断是否是正整数* /
6          {  totNum++;               /* 统计正整数的个数* /
7             a4=xx[i]/1000;          /* 求正整数的千位数* /
8             a3=xx[i]%1000/100;      /* 求正整数的百位数* /
9             a2=xx[i]%100/10;        /* 求正整数的十位数* /
10            a1=xx[i]%10;            /* 求正整数的个位数* /
11            if((a4+a3+a2+a1)%2==1)  /* 如果各位数字之和是奇数,则计算满足条件的数的个数
                                         totCnt和这些数的总和sum* /
12            {
13               totCnt++;
14               totPjz+=xx[i];
15            }
16         }
17     totPjz/=totCnt;                /* 求这些数的算术平均值totPjz* /
18  }
```

第85套　参考答案及解析

【解题思路】本题要求先实现CalValue()函数的功能,再进一步分析,可以归纳出3个关键点:*关键点*1 如何取得4位数

的各个数位数字；**关键点**2 如何通过条件(各个数位数字的和是偶数)来筛选出满足条件的数；**关键点**3 如何统计满足条件的数的个数，并计算其平均值。

解此题的思路为：**关键点**1 通过算术运算取余和除法可以分解得到4位数各个数位的数字；**关键点**2 通过 if 判断语句和逻辑表达式可以实现；**关键点**3 先计算满足条件的数的总和，再除以它们的数目即可求得平均值。

【参考答案】

```
1   void CalValue()
2   {  int i;                              /* 定义循环控制变量* /
3      int a4,a3,a2,a1;                    /* 用来存储正整数的每一位的数字* /
4      for(i =0;i <200;i ++)               /* 逐个取数组中的数进行统计* /
5      if(xx[i] >0)                        /* 判断是否是正整数* /
6      {   totNum ++;                      /* 统计正整数的个数* /
7          a4 =xx[i]/1000;                 /* 求正整数的千位数* /
8          a3 =xx[i]%1000/100;             /* 求正整数的百位数* /
9          a2 =xx[i]%100/10;               /* 求正整数的十位数* /
10         a1 =xx[i]%10;                   /* 求正整数的个位数* /
11         if((a4 +a3 +a2 +a1)%2 ==0)      /* 如果各位数字之和是偶数* /
12         {   totCnt ++;                  /* 统计满足条件的数的个数 totCnt* /
13             totPjz +=xx[i];             /* 计算这些数的总和* /
14         }
15     }
16         totPjz/ =totCnt;                /* 求这些数的算术平均值 totPjz* /
17  }
```

第86套　参考答案及解析

【解题思路】此题属于4位数的筛选类题，并且需将各位数组成新的2位数，再筛选排序。解此类题目需主要解决3个问题：**问题**1 如何取得4位数的各个数位数字；**问题**2 如何通过条件(本题为千位数的值加个位数的值等于百位数的值加十位数的值，且此4位数为奇数)筛选出满足条件的数；**问题**3 如何对数组中的数进行排序。

本题与前几套的解题思路相同，不同的是求出各位数数字后的筛选条件为：千位数的值加个位数的值等于百位的数值加十位数的值，且此4位数为奇数。

【参考答案】

```
1   void jsVal()
2   {  int i,j;                            /* 定义循环控制变量* /
3      int a1,a2,a3,a4;                    /* 定义变量保存4位数的每位数字* /
4      int temp;                           /* 定义数据交换时的暂存变量* /
5      for(i =0;i <200;i ++)               /* 逐个取每一个4位数* /
6      { a4 =a[i]/1000;                    /* 求4位数的千位数字* /
7        a3 =a[i]%1000/100;                /* 求4位数的百位数字* /
8        a2 =a[i]%100/10;                  /* 求4位数的十位数字* /
9        a1 =a[i]%10;                      /* 求4位数的个位数字* /
10       if ((a4 +a1 ==a3 +a2) && a1%2 ==1)   /* 如果千位数字加个位数字等于百位数字加十位数字，
11                                             并且此数是奇数* /
12       {   b[cnt] =a[i];                 /* 则将满足条件的数存入数组b中* /
13           cnt ++;                       /* 统计满足条件的数的个数* /
14       }
15     }
16     for(i =0;i <cnt -1;i ++)            /* 将数组b中的数按从小到大的顺序排列* /
17       for(j =i +1;j <cnt;j ++)
18         if(b[i] >b[j])
```

```
19        {   temp = b[i];
20            b[i] = b[j];
21            b[j] = temp;
22        }
23    }
```

第 87 套　参考答案及解析

【解题思路】此题属于 4 位数的筛选类题，并且需将各位数组成新的 2 位数，再筛选排序。解题时，需主要解决 4 个问题：**问题** 1 如何取得 4 位数的各个数位数字；**问题** 2 如何按照要求组成新的 2 位数字 ab（原 4 位数的个位数字和千位数字），以及组成另一个新的 2 位数 cd（原 4 位数的百位数字和十位数字）；**问题** 3 如何通过判断条件（ab、cd 至少一个能被 9 整除，ab 和 cd 都为偶数，两个新 2 位数的十位数都不为 0）筛选出满足条件的数，并统计出满足条件的数的个数；**问题** 4 如何对数组中的数进行从大到小的排序。

解此题的思路为：先求出每个数的各位数字，再根据各位数数字组成 2 位数的条件筛选出满足要求的数并存入新的数组中，最后对新数组进行排序。

【参考答案】

```
1   void jsVal()
2   {   int i,j;                                  /* 定义循环控制变量* /
3       int a1,a2,a3,a4;                          /* 定义变量保存 4 位数的每位数字* /
4       int temp;                                 /* 定义数据交换时的暂存变量* /
5       int ab,cd;                                /* 存储重新组合成的 2 位数* /
6       for(i = 0;i < 200;i ++)                   /* 逐个取每一个 4 位数* /
7       {   a4 = a[i]/1000;                       /* 求 4 位数的千位数字* /
8           a3 = a[i]%1000/100;                   /* 求 4 位数的百位数字* /
9           a2 = a[i]%100/10;                     /* 求 4 位数的十位数字* /
10          a1 = a[i]%10;                         /* 求 4 位数的个位数字* /
11          ab = 10* a1 + a4;                     /* 把个位数和千位数重新组合成一个新的 2 位数 ab* /
12          cd = 10* a3 + a2;                     /* 把百位数和十位数组成另一个新的 2 位数 cd* /
13          if((ab%9 == 0 ||cd%9 == 0)&&(ab%2! = 1)&&(cd%2! = 1)&&a1! = 0&&a3! = 0)     /* 如果新组成
    的两个数均为偶数且两个 2 位数中至少有一个数能被 9 整除，同时两个新 2 位数的十位上的数字均不为零* /
14          {   b[cnt] = a[i];                    /* 则将满足条件的 4 位数存入数组 b 中* /
15              cnt ++;                           /* 并统计满足条件的数的个数* /
16          }
17      }
18      for(i = 0;i < cnt -1;i ++)                /* 将数组 b 中的数按从大到小的顺序排列* /
19          for(j = i +1;j < cnt;j ++)
20              if(b[i] < b[j])
21              {   temp = b[i];
22                  b[i] = b[j];
23                  b[j] = temp;
24              }
25  }
```

第 88 套　参考答案及解析

【解题思路】本题和第 82 套题类似，不同的是问题 3 筛选的条件不同。

解此题的思路为：先求出每个数的各位数字，再根据各位数数字组成 2 位数的条件筛选出满足要求的数并存入新的数组中，最后对新数组进行排序。

【参考答案】

```
1   void jsVal()
2   {
3       int i,j;                                        /* 定义循环控制变量* /
4       int a1,a2,a3,a4;                                /* 定义变量保存4位数的每位数字* /
5       int temp;                                       /* 定义数据交换时的暂存变量* /
6       int ab,cd;                                      /* 存储重新组合成的2位数* /
7       for(i=0;i<200;i++)                              /* 逐个取每一个4位数* /
8       {  a4=a[i]/1000;                                /* 求4位数的千位数字* /
9          a3=a[i]%1000/100;                            /* 求4位数的百位数字* /
10         a2=a[i]%100/10;                              /* 求4位数的十位数字* /
11         a1=a[i]%10;                                  /* 求4位数的个位数字* /
12         ab=10* a1+a4;                                /* 把个位数和千位数组合成一个新的2位数ab* /
13         cd=10* a3+a2;                                /* 把百位数和十位数组成另一个新的2位数cd* /
14         if((ab%17==0||cd%17==0)&&((ab%2==0 && cd%2==1)||(ab%2==1 && cd%2==0)) && a1!
=0 && a3!=0)
15         {    /* 如果新组成的两个2位数必须是一个为奇数,另一个为偶数且两个2位数中至少有一个数能被17整除,同
16              时两个新2位数的十位上的数字均不为0* /
17            b[cnt]=a[i];                              /* 则将满足条件的数存入数组b中* /
18            cnt++;                                    /* 并统计满足条件的数的个数* /
19         }
20      }
21      for(i=0;i<cnt-1;i++)                            /* 将数组b中的数按从大到小的顺序排列* /
22         for(j=i+1;j<cnt;j++)
23            if(b[i]<b[j])
24            {  temp=b[i];
25               b[i]=b[j];
26               b[j]=temp;
27            }
28  }
```

3.3 优秀篇

第89套　参考答案及解析

【解题思路】本题和第82、83套题类似,不同的是问题3筛选的条件不同。

解此题的思路为:先求出每个数的各位数字,再根据各位数数字组成2位数的条件筛选出满足要求的数并存入新的数组中,最后对新数组进行排序。

【参考答案】

```
1   void jsVal()
2   {   int i,j;                        /* 定义循环控制变量* /
3       int a1,a2,a3,a4;                /* 定义变量保存4位数的每位数字* /
4       int temp;                       /* 定义数据交换时的暂存变量* /
5       int ab,cd;                      /* 存储重新组合成的2位数* /
6       for(i=0;i<200;i++)              /* 逐个取每一个4位数* /
7       {  a4=a[i]/1000;                /* 求4位数的千位数字* /
8          a3=a[i]%1000/100;            /* 求4位数的百位数字* /
```

```
9           a2 = a[i]%100/10;/* 求4位数的十位数字* /
10              a1 = a[i]%10; /* 求4位数的个位数字* /
11              ab = 10* a4 + a2; /* 把千位数和十位数重新组合成一个新的2位数ab* /
12              cd = 10* a1 + a3; /* 把个位数和百位数组合成另一个新的2位数cd* /
13              if((ab > cd) && (ab%2 == 0 && ab%5 == 0) && cd%2 == 1 && a4! = 0&& a1! = 0)
14                  /* 如果ab > cd,ab是偶数且能被5整除,cd是奇数,且两个新2位数的十位上的数字均不为0* /
15              {   b[cnt] = a[i]; /* 则将满足条件的数存入数组b中* /
16                  cnt ++;                                    /* 并统计满足条件的数的个数* /
17              }
18          }
19          for(i = 0;i < cnt - 1;i ++)                        /* 将数组b中的数按从大到小的顺序排列* /
20              for(j = i + 1;j < cnt;j ++)
21                  if(b[i] < b[j])
22                  {   temp = b[i];
23                      b[i] = b[j];
24                      b[j] = temp;
25                  }
26      }
```

第90套　参考答案及解析

【解题思路】本题属于数据排序题型。本题考查对结构体数组中元素的各个成员的操作。

本题的解题思路为:首先利用一个for循环来依次取得结构体数组中的各个元素;然后按照题目要求对当前元素的各个域进行条件判断,如果条件(第1个数大于第2个数加第3个数之和)成立,则将其存放到数组bb中;最后按照"每组数据中的第2个数加第3个数之和的大小"进行从小到大的排序。

【参考答案】

```
1     int jsSort()
2     {   int i,j;                                     /* 定义循环控制变量* /
3         int cnt = 0;                                 /* 定义计数器变量,并对其初始化* /
4         Data temp;              /* 定义数据交换时的暂存变量,这里是一个Data类型的结构体变量* /
5         for(i = 0;i < 200;i ++)
6             if(aa[i].x1 > aa[i].x2 + aa[i].x3)  /* 如果每组数据中的第1个数大于第2个数加第3个数之和* /
7             {   bb[cnt] = aa[i];          /* 则把满足条件的数据存入结构体数组bb中* /
8                 cnt ++;                              /* 同时统计满足条件的数据的个数* /
9             }
10        for(i = 0;i < cnt - 1;i ++)  /* 对数组bb中的数按照每组数据的第1个数加第3个数之和的大小进行升序排列* /
11            for(j = i + 1;j < cnt;j ++)
12                if(bb[i].x1 + bb[i].x3 > bb[j].x1 + bb[j].x3)
13                {   temp = bb[i];
14                    bb[i] = bb[j];
15                    bb[j] = temp;
16                }
17            return cnt;                              /* 返回满足条件的数据的组数* /
18    }
```

第91套　参考答案及解析

【解题思路】此题属于4位数的筛选题型，并且涉及统计及平均值计算问题。解题时，需主要解决3个问题：问题1如何取得4位数的各个数位数字；问题2如何通过判断条件（本题为千位数上的数加个位数上的数等于百位数上的数加十位数上的数）对目标进行筛选，再分别统计出满足和不满足条件的数的和及数目；问题3分别求出两类数的平均值。

解此题的一般思路为：先求出各位数字的值，再根据各位数字的属性判断并统计满足和不满足条件的数的个数及和值，最后用和除以个数得出相应的平均值。与前面类型的题不同的是，在问题2筛选时，不需要将符合要求的数存入新的数组，只需用条件判断语句分别统计符合条件的数的数目（cnt）及不符合条件的数的个数（n），以及对应的和值（pjz1、pjz2）。问题3用和值除以对应个数（pjz1/cnt、pjz2/n）即可。

【参考答案】

```
1   void jsValue()
2   {  int i,n=0;                                /* 定义循环变量和计数器变量*/
3      int a1,a2,a3,a4;                          /* 定义变量保存4位数的每位数字*/
4      for(i=0;i<300;i++)                        /* 逐个取每一个4位数*/
5      {  a4=a[i]/1000;                          /* 求4位数的千位数字*/
6         a3=a[i]%1000/100;                      /* 求4位数的百位数字*/
7         a2=a[i]%100/10;                        /* 求4位数的十位数字*/
8         a1=a[i]%10;                            /* 求4位数的个位数字*/
9         if(a4+a1==a3+a2)              /* 如果千位数字加个位数字等于百位数字加十位数字*/
10        {  cnt++;                              /* 则统计满足条件的数的个数*/
11           pjz1+=a[i];                         /* 并对满足条件的数求和*/
12        }
13        else
14        {  n++;                                /* 否则统计不满足条件的数的个数*/
15           pjz2+=a[i];                         /* 并对不满足条件的数求和*/
16        }
17     }
18     pjz1/=cnt;                                /* 求满足条件的数的平均值*/
19     pjz2/=n;                                  /* 求不满足条件的数的平均值*/
20  }
```

第92套　参考答案及解析

【解题思路】此题属于排序问题。通过对问题的分析，得出解本题的思路为：首先利用嵌套的循环实现对二维数组每个元素的访问，对于每一行，将第1个数取出依次同后面的数进行比较，后面的数如果更小，则将后面的数取出，再将这个数据左侧的数依次向右移动，然后将这个数放在最左侧。这样，扫描完一行后，比第1个数小的数就在第1个数的左侧，而比它大的数则在其右侧。

【参考答案】

```
1   void jsValue(int a[10][9])
2   {
3       int i,j,k;                               /* 定义循环控制变量*/
4       int num,temp;                            /* 定义暂存变量*/
5       for(i=0;i<10;i++)                        /* 逐行取数进行处理*/
6       {
7           num=a[i][0];                         /* 暂存每行的第1个元素*/
8           for(j=0;j<9;j++)                     /* 取每行的所有元素*/
9               if(a[i][j]<num)                  /* 若后面的数中有比第1个数据小的数*/
10              {
```

```
11            temp = a[i][j];/* 则把这个数取出,赋给 temp* /
12                for(k = j;k > 0;k --)/* 将这个数据左侧的数依次向右移动* /
13                    a[i][k] = a[i][k -1];
14                a[i][0] = temp;/* 再将这个数放在最左侧* /
15            }
16        }
17    }
```

第 93 套　参考答案及解析

【解题思路】此题属于 4 位数的筛选类题。解此类题目需主要解决 3 个问题:**问题** 1 如何取得 4 位数的各个数位数字;**问题** 2 如何通过条件(本题为千位数字加十位数字的值恰好等于百位数字加上个位数字的值,并且此 4 位数是偶数)筛选出满足条件的数;**问题** 3 如何按照要求(本题为从小到大的顺序)对数组中的数进行排序。

本套解题思路与前两套相同。不同的是,求出各位数数字后的筛选条件不同,本套条件为:千位数字加十位数字的值恰好等于百位数字加上个位数字的值,并且此 4 位数是偶数)筛选出满足条件的数。

【参考答案】

```
1   void jsVal()
2   {   int i,j;                                    /* 定义循环控制变量* /
3       int a1,a2,a3,a4;                            /* 定义变量保存 4 位数的每位数字* /
4       int temp;                                   /* 定义数据交换时的暂存变量* /
5       for(i = 0;i < 200;i ++)                     /* 逐个取每一个 4 位数* /
6       {   a4 = a[i]/1000;                         /* 求 4 位数的千位数字* /
7           a3 = a[i]%1000/100;                     /* 求 4 位数的百位数字* /
8           a2 = a[i]%100/10;                       /* 求 4 位数的十位数字* /
9           a1 = a[i]%10;                           /* 求 4 位数的个位数字* /
10          if((a4 + a2 == a3 + a1) && a[i]%2 ! = 1)  /* 如果千位数字加十位数字等于百位数字加个位数字,并且此
11                                                  数是偶数* /
12          {   b[cnt] = a[i];                      /* 则将满足条件的数存入数组 b 中* /
13              cnt ++;                             /* 并统计满足条件的数的个数* /
14          }
15      }
16      for(i = 0;i < cnt -1;i ++)                  /* 将数组 b 中的数按从小到大的顺序排列* /
17          for(j = i +1;j < cnt;j ++)
18              if(b[i] > b[j])
19              {   temp = b[i];
20                  b[i] = b[j];
21                  b[j] = temp;
22              }
23  }
```

第 94 套　参考答案及解析

【解题思路】此题属于 4 位数的筛选题型,并且涉及统计和平均值问题。解题时,需主要解决 3 个问题:**问题** 1 如何取得 4 位数的各个数位的数字;**问题** 2 如何通过判断条件(本题为千位数减百位数减十位数减个位数的值大于 0)对目标进行筛选,再分别统计出满足和不满足条件的数的和及数目;**问题** 3 如何求出两类数的平均值。

解此类题的一般思路为:先求出各位数字的值,再根据各位数字的属性判断并统计满足和不满足条件的数的个数及和值,最后用和除以个数得出相应的平均值。与前面类型的题不同的是,在**问题** 2 筛选时,不需要将符合要求的数存入新的数组,只需用条件判断语句分别统计符合条件的数的数目(cnt)、不符合条件的个数(n)以及对应的和值(pjz1、pjz2)。**问题** 3 用

和值除以对应个数即可(pjz1/cnt、pjz2/n)。

【参考答案】

```
1   void jsValue()
2   {  int i,n=0;                                      /* 定义循环变量和计数器变量* /
3      int a1,a2,a3,a4;                                 /* 定义变量保存4位数的每位数字* /
4      for(i=0;i<300;i++)                               /* 逐个取每一个4位数* /
5      {  a4=a[i]/1000;                                 /* 求4位数的千位数字* /
6         a3=a[i]%1000/100;                             /* 求4位数的百位数字* /
7         a2=a[i]%100/10;                               /* 求4位数的十位数字* /
8         a1=a[i]%10;                                   /* 求4位数的个位数字* /
9         if(a4-a3-a2-a1>0)      /* 如果千位数字减百位数字减十位数字减个位数字的值大于零* /
10        {  cnt++;                                     /* 则统计满足条件的数的个数* /
11           pjz1+=a[i];                                /* 并对满足条件的数求和* /
12        }
13        else
14        {  n++;                                       /* 统计不满足条件的数的个数* /
15           pjz2+=a[i];                                /* 对不满足条件的数求和* /
16        }
17     }
18     pjz1/=cnt;                                       /* 求满足条件的数的平均值* /
19     pjz2/=n;                                         /* 求不满足条件的数的平均值* /
20  }
```

第95套　参考答案及解析

【解题思路】此题属于4位数的筛选题型,并且需要比较相邻的5个数的大小。解题时,需主要解决2个问题:**问题**1如何根据判断条件(本题为该4位数连续大于该4位数以后的5个数且该数是奇数)对目标进行筛选,统计出满足条件的个数;**问题**2如何将这些数进行排序。

此类题的一般解法为:依次判断每个数是否满足条件,满足则个数加1,并存入新的数组中,否则跳过并判断下一个数字,判断完后对数组进行排序。**问题**1可以用循环嵌套来实现,要筛选的数必须同时满足两个条件(一个条件是该4位数连续大于该4位数以后的5个数;另一个条件是该数为奇数),可以将第2个条件作为首要满足条件,再依次判断是否满足第1个条件,满足则个数cnt加1,并将该数存入新的数组,否则跳过并判断下一个数字。

【参考答案】

```
1   void jsVal()
2   {  int i,j;                                         /* 定义循环控制变量* /
3      int temp;                                        /* 定义数据交换时的暂存变量* /
4      for (i=0;i<195;i++)                              /* 连续大于后面5个数且是奇数* /
5         if(a[i]>a[i+1] && a[i]>a[i+2] && a[i]>a[i+3] && a[i]>a[i+4] && a[i]>a[i+
          5] && a[i]% 2! =0)
6            b[cnt++]=a[i];                             /* 统计满足条件的个数并存入数组b中* /
7         for(i=0;i<cnt-1;i++)          /* 利用起泡法对数组b中的元素进行从小到大的排序* /
8            for(j=i+1;j<cnt;j++)
9               if(b[i]>b[j])
10                 {  temp=b[i];
11                    b[i]=b[j];
12                    b[j]=temp;
13                 }
14  }
```

第96套　参考答案及解析

【解题思路】本题属于数学类题。本题主要考查的是如何将整型变量转换成字符串，以及如何判断字符串是否对称。

回文数是指其各位数字左右均对称的整数，因为给出的数的位数不确定，所以不采用将各位上的数字转变成单独的数再比较的方法。这里使用函数 char ＊ ltoa(long num,char ＊str,int radix)，其功能是将长整数 num 转换成与其等价的字符串并存入 str 指向的字符串中，输出串的进制由 radix 决定。将整数转变成字符串后，判断字符串是否左右对称。求得字符串长度后设置两个变量，一个从字符串的开头开始向后移动，一个从字符串的倒数第 1 个元素开始向前移动，直到移至数组的中间元素。若两者所决定的数组元素均相等，则字符串左右对称。

【参考答案】

```
1   int jsValue(long n)
2   {   int i;                          /* 定义循环控制变量* /
3       int str,half;                   /* 存储字符串的长度* /
4       char ch[20];                    /* 字符数组,存储每个数的字符串形式* /
5       ltoa(n,ch,10); /* 将长整数 n 转换成与其等价的字符串并存入 str 指向的字符串中,输出串为十进制* /
6       str = strlen(ch);               /* 求字符串的长度* /
7       half = str/2;
8       for(i =0;i <half;i ++)
9           if(ch[i]! =ch[ --str])      /* 判断字符串是否左右对称* /
10              break;                  /* 不对称则跳出循环,判断下一个数* /
11      if(i >= half)                   /* 如果字符串是回文* /
12          return 1;                   /* 则返回1* /
13      else
14          return 0;                   /* 否则返回0* /
15  }
```

第97套　参考答案及解析

【解题思路】首先要将每个人的编号存入数组中。因为每次是从 s1 开始报数，若是直线队则下一个开始报数的人的编号是 s1 + m - 1，但这里要建立一个环，即最后一个人报完数后第 1 个人接着报数，所以这时下一个开始报数的人的编号是(s1 + m - 1)%i，i 是此时圈中的总人数。若所得的结果为 0，则说明要开始报数的是最后一个人。在此人前面的那个人就是要出圈的人，使用循环将要出圈的人移至数组的最后。开始时，总人数为 n，以后依次减 1，直到最后一个人出圈。

【参考答案】

```
1   void Josegh(void)
2   {   int i,j;                        /* 定义循环控制变量* /
3       int s1,w;                       /* 存储开始报数的人的编号* /
4       s1 = s;                         /* 第 1 个报数的人的编号* /
5       for(i =1;i <=n;i ++)            /* 给 n 个人从 1 到 n 编号* /
6           p[i -1] =i;
7       for(i =n;i >=2;i --)            /* 当人数少于 2 时,停止报数* /
8       {   s1 = (s1 +m -1)%i;          /* 下一个开始报数的人的编号是(s1 +m -1)%i* /
9           if(s1 ==0)                  /* 若 s1 为 0,则说明要开始报数的是最后一个人* /
10              s1 =i;
11          w =p[s1 -1];                /* 将要出圈的人移至数组的最后* /
12          for(j =s1;j <=i -1;j ++)
13              p[j -1] =p[j];
14          p[i -1] =w;
15      }
16  }
```

第98套 参考答案及解析

【解题思路】本题属于字符串类题。要求对二维数组中的字符元素按行处理。

首先用strlen()函数得到当前行所包含的字符个数;然后利用一个循环来依次访问该行中的所有字符。对于每一个字符,先按照题目中的函数替代关系“f(p)=p*11 mod 256”计算出相应的f(p)值,再用if语句判断该值是否符合本题给定的条件:“计算后的值小于等于32或大于130”。如果符合条件,则该字符不变,否则用f(p)所对应的字符对其进行替代。

【参考答案】

```
1   void encryptChar()
2   {  int i,j;                                  /* 定义循环控制变量* /
3      int str;                                  /* 存储字符串的长度* /
4      char ch;                                  /* 存储当前取得的字符* /
5      for(i=0;i<maxline;i++)                    /* 以行为单位获取字符* /
6      {  str=strlen(xx[i]);                     /* 求得当前行的字符串长度* /
7         for(j=0;j<str;j++)                     /* 依次取每行的各个字符* /
8         {
9            ch=xx[i][j] * 11%256;
10           if(ch<=32 || ch>130)                /* 如果计算后的值小于等于32或大于130* /
11              continue;                        /* 则该字符不变* /
12           else
13              xx[i][j]=ch;                     /* 否则将所对应的字符进行替代* /
14        }
15     }
16  }
```

第99套 参考答案及解析

【解题思路】本题属于字符串类题。要求对二维数组中的字符元素按行处理。

首先用strlen()函数得到当前行所包含的字符个数;然后利用一个循环来依次访问该行中的所有字符。对于每一个字符,先按照题目中的函数替代关系“f(p)=p*11 mod 256”计算出相应的f(p)值,再用一条if语句判断该值是否符合本题给定的条件:“原字符是小写字母或计算后的值小于等于32”。如果符合条件,则该字符不变,否则用f(p)所对应的字符对其进行替代。

【参考答案】

```
1   void encryChar()
2   {  int i,j;                                  /* 定义循环控制变量* /
3      int str;                                  /* 存储字符串的长度* /
4      char ch;                                  /* 存储当前取得的字符* /
5      for(i=0;i<maxline;i++)                    /* 以行为单位获取字符* /
6      {  str=strlen(xx[i]);                     /* 求得当前行的字符串长度* /
7         for(j=0;j<str;j++)                     /* 依次取每行的所有字符* /
8         {  ch=xx[i][j] * 11%256;
9            if((xx[i][j]>='a' && xx[i][j]<='z') ||ch<=32)   /* 如果原字符是小写字母或计算后的值小
                                                 于等于32* /
10              continue;                        /* 则不作改变,指向下一个字符* /
11           else
12              xx[i][j]=ch;                     /* 否则用新字符取代原有字符* /
13        }
14     }
15  }
```

第100套　参考答案及解析

【解题思路】此题属于数学类问题。分析题干,本题存在2个关键点:关键点1如何通过条件“同时能被3与7整除”筛选出指定范围内满足条件的数;关键点2对所有满足条件的数计算出总和的平方根。

本题的解题思路为:通过循环控制,依次判断小于等于n范围内的自然数是否满足关键点1中的条件。累加满足条件的数,并通过总和求出算术平方根,最后通过函数值返回。

【参考答案】

```
1   double countValue(int n)
2   {   int i;                                  /* 定义循环控制变量* /
3       double sum = 0.0;                       /* 存储满足条件的自然数之和,继而求出平方根* /
4       for(i = 1;i < n;i ++)                   /* 求n以内(不包括n)同时能被3与7整除的所有自然数之和* /
5           if(i%3 == 0 && i%7 == 0)
6               sum += i;
7       sum = sqrt((double)sum);                /* 再对总和求平方根* /
8       return sum;
9   }
```

第四部分

2009年9月典型上机真题

通过对历年上机考试的不断总结与分析，本书已几乎收录了上机真考题库中的全部题目，上机真题不再是“镜花水月”。学通本书，考生就掌握了考试的“底牌”，复习起来有的放矢。

本部分选自2009年9月上机真考试题。由于篇幅所限，这里只列出了抽中几率较高的数套典型上机真题。本书第二部分（上机考试试题）囊括了真考题库所有试题。

历年考试本书命中情况表

年份	命中率
2007年4月份	88%
2007年9月份	85%
2008年4月份	86%
2008年9月份	90%
2009年3月份	93%
2009年9月份	96%

4.1　2009年9月典型上机真题

第1套　上机真题

已知在文件IN.DAT中存有100个产品销售记录，每个产品销售记录由产品代码dm(字符型4位)、产品名称mc(字符型10位)、单价dj(整型)、数量sl(整型)、金额je(长整型)几部分组成。其中：金额=单价×数量。函数ReadDat()的功能是读取这100个销售记录并存入结构数组sell中。请编制函数SortDat()，其功能要求：按产品名称从小到大进行排列，若产品名称相同，则按金额从小到大进行排列，最终排列的结果仍存入结构数组sell中，最后调用函数WriteDat()把结果输出到文件OUT.DAT中。

注意：部分源程序存放在PROG1.C中。请勿改动主函数main()、读函数ReadDat()和写函数WriteDat()的内容。

【试题程序】

```
1   #include <stdio.h>
2   #include <memory.h>
3   #include <string.h>
4   #include <stdlib.h>
5   #define MAX 100
6   typedef struct
7   {
8       char dm[5];        /* 产品代码 */
9       char mc[11];       /* 产品名称 */
10      int dj;            /* 单价 */
11      int sl;            /* 数量 */
12      long je;           /* 金额 */
13  } PRO;
14  PRO sell [MAX];
15  void ReadDat();
16  void WriteDat();
17
18  void SortDat()
19  {
20
21  }
22  void main()
23  {
24      memset(sell,0,sizeof(sell));
25      ReadDat();
26      SortDat();
27      WriteDat();
28  }
29
30  void ReadDat()
31  {
32      FILE * fp;
33      char str[80], ch[11];
34      int i;
35      fp = fopen("IN.DAT", "r");
36      for (i = 0; i < 100; i ++)
37      {
38        fgets(str, 80, fp);
39        memcpy(sell[i].dm, str, 4);
40        memcpy(sell[i].mc, str + 4, 10);
41        memcpy(ch, str + 14, 4); ch[4] = 0;
42        sell[i].dj = atoi(ch);
43        memcpy(ch, str + 18, 5); ch[5] = 0;
44        sell[i].sl = atoi(ch);
45        sell[i].je = (long)sell[i].dj *
          sell[i].sl;
      }
46      fclose(fp);
47  }
48  void WriteDat()
49  {
50      FILE * fp;
51      int i;
52      fp = fopen("OUT.DAT", "w");
53      for(i = 0; i < 100; i ++)
54      {
55          fprintf (fp, "%s %s %4d %5d %10ld
                 \n",sell[i].dm,sell[i].mc,
                 sell[i].dj,sell[i].sl,
                 sell[i].je);
56      }
57      fclose(fp);
58  }
```

第2套　上机真题

已知数据文件IN.DAT中存有200个4位数，并已调用读函数readDat()把这些数存入到数组a中。请编制一个函数jsVal()，其功能是：把千位数字和十位数字重新组成一个新的2位数ab(新2位数的十位数字是原4位数的千位数字，新2位数的个位数字是原4位数的十位数字)，以及把个位数字和百位数字组成另一个新的2位数cd(新2位数的十位数字是原4位数的个位数字，新2位数的个位数字是原4位数的百位数字)，如果新组成两个2位数ab-cd>=0且ab-cd<=10且两个数均是奇数，同时两个新十位数字均不为零，则将满足此条件的4位数按从大到小的顺序存入数组b中，并要计算满足上述条件的4位数的个数cnt，最后调用写函数writeDat()把结果cnt及数组b中符合条件的4位数输出到OUT.DAT文件中。

注意：部分源程序存放在PROG1.C中，程序中已定义数组：a[200]，b[200]，已定义变量：cnt。请勿改动主函数main()、读函数readDat()和写函数writeDat()的内容。

【试题程序】

```
1  #include <stdio.h>
2  #define MAX 200
3  int a[MAX], b[MAX], cnt =0;
4  void writeDat();
5
6  void jsVal()
7  {
8
9  }
10
11 void readDat()
12 {
13     int i;
14     FILE * fp;
15     fp =fopen("IN.DAT", "r");
16     for(i =0; i <MAX; i ++)
17         fscanf(fp, "%d", &a[i]);
18     fclose(fp);
19 }
20
21 void main()
22 {
23     int i;
24     readDat();
25     jsVal();
26     printf("满足条件的数=%d\n", cnt);
27     for(i =0; i <cnt; i ++)
28         printf("%d ", b[i]);
29     printf("\n");
30     writeDat();
31 }
32 void writeDat()
33 {
34     FILE * fp;
35     int i;
36     fp =fopen("OUT.DAT", "w");
37     fprintf(fp, "%d\n", cnt);
38     for(i =0; i <cnt; i ++)
39         fprintf(fp, "%d\n", b[i]);
40     fclose(fp);
41 }
```

第3套　上机真题

下列程序的功能是：选出100~1000间的所有个位数字与十位数字之和被10除所得余数恰是百位数字的素数(如293)。计算并输出上述这些素数的个数cnt，以及这些素数值的和sum。请编写函数countValue()实现程序要求，最后调用函数writeDAT()把结果cnt和sum输出到文件OUT.DAT中。

注意：部分源程序存放在PROG1.C中。请勿改动主函数main()和写函数writeDAT()的内容。

【试题程序】

```
1  #include <stdio.h>
2  int cnt, sum;
3  void writeDAT();
4
5  void countValue()
6  {
7
8  }
9
10 void main()
11 {
12     cnt = sum =0;
13     countValue();
14     printf("素数的个数=%d\n", cnt);
15     printf ("满足条件素数值的和=%d", sum);
16     writeDAT();
17 }
18
19 void writeDAT()
20 {
21     FILE * fp;
22     fp = fopen("OUT.DAT", "w");
23     fprintf(fp, "%d\n%d\n", cnt, sum);
24     fclose(fp);
25 }
```

第4套　上机真题

已知在文件IN.DAT中存有若干个(个数<200)4位数字的正整数,函数ReadDat()的功能是读取这若干个正整数并存入数组xx中。请编制函数CalValue(),其功能要求:①求出该文件中共有多少个正整数totNum;②求这些数右移1位后,产生的新数是偶数的数的个数totCnt,以及满足此条件的这些数(右移前的值)的算术平均值totPjz,最后调用函数WriteDat()把所求的结果输出到文件OUT.DAT中。

注意:部分源程序存放在PROG1.C中。请勿改动主函数main()、读函数ReadDat()和写函数WriteDat()的内容。

【试题程序】

```
1  #include <stdio.h>
2  #include <stdlib.h>
3  #define MAXNUM 200
4  int xx[MAXNUM];
5  int totNum =0;/* 文件IN.DAT中共有多少个正
                  整数*/
6  int totCnt =0; /* 符合条件的正整数的个数*/
7  double totPjz =0.0; /* 平均值*/
8  int ReadDat(void);
9  void WriteDat(void);
10
11 void CalValue(void)
12 {
13
14 }
15
16 void main()
17 {
18     int i;
19     system("CLS");
20     for(i =0; i <MAXNUM; i ++)
21         xx[i] =0;
22     if(ReadDat())
23     {
24         printf("数据文件IN.DAT不能打开!
                  \007\n");
25         return;
26     }
27     CalValue();
28     printf("文件IN.DAT中共有正整数=
           %d个\n",totNum);
29     printf("符合条件的正整数的个数=%d个
                \n", totCnt);
30     printf("平均值=%.2lf\n", totPjz);
31     WriteDat();
32 }
33
34 int ReadDat(void)
35 {
36     FILE * fp;
37     int i =0;
38     if((fp =fopen("IN.DAT", "r")) ==
         NULL)
39         return 1;
40     while(! feof(fp))
41     {
42         fscanf(fp, "%d,", &xx[i ++]);
43     }
44     fclose(fp);
45     return 0;
46 }
47
48 void WriteDat(void)
49 {
50     FILE * fp;
51     fp =fopen("OUT.DAT", "w");
52     fprintf(fp, "%d\n%d\n%.2lf\n", tot-
               Num, totCnt, totPjz);
53     fclose(fp);
54 }
```

第5套　上机真题

函数ReadDat()的功能是实现从文件ENG.IN中读取一篇英文文章,并存入到字符串数组xx中。请编制函数encryChar(),按给定的替代关系对数组xx中所有字符进行替代,替代的结果仍存入数组xx的对应的位置上,最后调用函数WriteDat()把结果xx输出到文件PS.DAT中。

替代关系:f(p) = p * 11 mod 256(p是数组xx中某一个字符的ASCII值,f(p)是计算后新字符的ASCII值),如果计算后f(p)的值小于等于32或f(p)对应的字符是大写字母,则该字符不变,否则将f(p)所对应的字符进行替代。

注意:部分源程序存放在PROG1.C中,原始数据文件的存放格式是每行的宽度均小于80个字符。请勿改动主函数main()、读函数ReadDat()和写函数WriteDat()的内容。

【试题程序】

```
1  #include <stdlib.h>
2  #include <stdio.h>
3  #include <string.h>
4  #include <ctype.h>
5  unsigned char xx[50][80];
6  int maxline=0;
7  int ReadDat(void);
8  void WriteDat(void);
9
10 void encryChar()
11 {
12
13 }
14
15 void main()
16 {
17     system("CLS");
18     if(ReadDat())
19     {
20         printf("数据文件 ENG.IN 不能打开!
           \n\007");
21         return;
22     }
23
24     encryChar();
25     WriteDat();
26 }
27
28 int ReadDat(void)
29 {
30     FILE * fp;
31     int i=0;
32     unsigned char * p;
33     if((fp=fopen("ENG.IN","r"))==NULL)
34         return 1;
35     while(fgets(xx[i],80,fp)!=NULL)
36     {
37         p=strchr(xx[i],'\n');
38         if(p)
39             * p=0;
40         i++;
41     }
42     maxline=i;
43     fclose(fp);
44     return 0;
45 }
46
47 void WriteDat()
48 {
49     FILE * fp;
50     int i;
51     fp=fopen("ps.dat","w");
52     for(i=0;i<maxline;i++)
53     {
54         printf("%s\n",xx[i]);
55         fprintf(fp,"%s\n",xx[i]);
56     }
57     fclose(fp);
58 }
```

第6套　上机真题

函数ReadDat()的功能是实现从文件IN.DAT中读取一篇英文文章并存入到字符串数组xx中。请编制函数ChA(),该函数的功能是:以行为单位把字符串的第一个字符的ASCII值加第二个字符的ASCII值,得到第一个新的字符,第二个字符的ASCII值加第三个字符的ASCII值,得到第二个新的字符,以次类推一直处理到倒数第二个字符,最后一个字符的ASCII值加第一个字符的ASCII值,得到最后一个新的字符,得到的新字符分别存放在原字符串对应的位置上。最后把已处理的字符串逆转后仍按行重新存入字符串数组xx中,并调用函数WriteDat()把结果xx输出到文件OUT.DAT中。

注意:部分源程序存放在PROG1.C中,原始文件存放的格式是每行的宽度小于80个字符,含标点符号和空格。请勿改动主函数main()、读函数ReadDat()和写函数WriteDat()的内容。

【试题程序】

```
1  #include <stdio.h>
2  #include <string.h>
3  #include <stdlib.h>
4
5  char xx[50][80];
6  int maxline=0;
7
8  int ReadDat();
9  void WriteDat();
10
11 void ChA(void)
12 {
```

```
13
14 }
15
16 void main()
17 {
18     system("CLS");
19     if(ReadDat())
20     {
21         printf("数据文件 IN.DAT 不能打开!
                \n\007");
22         return;
23     }
24     ChA();
25     WriteDat();
26 }
27 int ReadDat(void)
28 {
29     FILE * fp;
30     int i=0;
31     char * p;
32     if ((fp=fopen("IN.DAT","r")) ==
       NULL)
33         return 1;
34     while(fgets(xx[i],80,fp)! =NULL)
35     {
36         p=strchr(xx[i],'\n');
37         if(p)
38             * p=0;
39         i++;
40     }
41     maxline=i;
42     fclose(fp);
43     return 0;
44 }
45
46 void WriteDat()
47 {
48     FILE * fp;
49     int i;
50     system("CLS");
51     fp=fopen("OUT.DAT","w");
52     for(i=0;i<maxline;i++)
53     {
54         printf("%s\n",xx[i]);
55         fprintf(fp,"%s\n",xx[i]);
56     }
57     fclose(fp);
59 }
```

第7套　上机真题

函数 ReadDat()的功能是实现从文件 IN.DAT 中读取一篇英文文章并存入到字符串数组 xx 中。请编制函数SortCharD(),该函数的功能是:以行为单位对字符按从大到小的顺序进行排序,排序后的结果仍按行重新存入字符串数组 xx 中,最后调用函数 WriteDat()把结果 xx 输出到文件 OUT.DAT 中。

例如,原文:dAe,BfC

　　　　CCbbAA

　　结果:fedCBA,

　　　　bbCCAA

注意:部分源程序存放在 PROG1.C 中,原始数据文件存放的格式是每行的宽度均小于 80 个字符,含标点符号和空格。请勿改动主函数 main()、读函数 ReadDat()和写函数 WriteDat()的内容。

【试题程序】

```
1  #include <stdio.h>
2  #include <string.h>
3  #include <stdlib.h>
4
5  char xx[50][80];
6  int maxline=0;
7  int ReadDat(void);
8  void WriteDat(void);
9
10 void SortCharD()
11 {
12
13 }
14
15 void main()
16 {
```

```
17      system("CLS");
18      if (ReadDat())
19      {
20          printf ("数据文件 IN.DAT 不能打开!
                 \n\007");
21          return;
22      }
23      SortCharD();
24      WriteDat();
25  }
26
27  int ReadDat(void)
28  {
29      FILE * fp;
30      int i =0;
31      char * p;
32      if ((fp = fopen ("IN.DAT","r")) ==
          NULL)
33          return 1;
34      while (fgets(xx[i],80,fp)! =NULL)
35      {
36          p=strchr(xx[i],'\n');
37          if (p)
38              * p=0;
39          i ++;
40      }
41      maxline=i;
42      fclose(fp);
43      return 0;
44  }
45
46  void WriteDat()
47  {
48      FILE * fp;
49      int i;
50      system("CLS");
51      fp=fopen("OUT.DAT","w");
52      for(i =0;i <maxline;i ++)
53      {
54          printf("%s\n",xx[i]);
55          fprintf(fp,"%s\n",xx[i]);
56      }
57      fclose(fp);
58  }
```

第8套　上机真题

对10个候选人进行选举,现有一个100条记录的选票数据文件IN.DAT,其数据存放的格式是每条记录的长度均为10位,第一位表示第一个人的选中情况,第二位表示第二个人的选中情况,依次类推。每一位内容均为字符0或1,1表示此人被选中,0表示此人未被选中,若一张选票选中人数小于等于5个人时则被认为是无效的选票。给定函数ReadDat()的功能是把选票数据读入到字符串数组xx中。请编制函数CountRs()来统计每个人的选票数,并把得票数依次存入yy[0]到yy[9]中,最后调用函数WriteDat()把结果yy输出到文件OUT.DAT中。

注意:部分源程序存放在PROG1.C中。请勿改动主函数main()、读函数ReadDat()和写函数WriteDat()的内容。

【试题程序】

```
1   #include <stdio.h>
2   #include <memory.h>
3   char xx[100][11];
4   int yy[10];
5   int ReadDat(void);
6   void WriteDat(void);
7
8   void CountRs(void)
9   {
10
11  }
12
13  void main()
14  {
15      int i;
16      for (i =0; i<10; i ++)
17          yy[i] =0;
18      if(ReadDat())
19      {
20          printf ("选票数据文件 IN.DAT 不能打开!
                 \007\n");
21          return;
22      }
23      CountRs();
24      WriteDat();
25  }
26
27  int ReadDat(void)
28  {
29      FILE * fp;
30      int i;
31      char tt[13];
32      if ((fp = fopen("IN.DAT", "r")) ==
          NULL)
```

```
33      return 1;
34      for (i =0; i <100; i ++)
35      {
36          if(fgets(tt, 13, fp) ==NULL)
37              return 1;
38          memcpy(xx[i], tt, 10);
39      }
40      fclose(fp);
41      return 0;
42  }
43  void WriteDat(void)
44  {
45      FILE * fp;
46      int i;
47      fp =fopen("OUT.DAT", "w");
48      for(i =0; i <10; i ++)
49      {
50          fprintf(fp, "%d\n", yy[i]);
51          printf ("第%d 个人的选票数 =% d\n",
                i +1, yy[i]);
52      }
53      fclose(fp);
54  }
```

第9套　上机真题

已知数据文件IN.DAT中存有300个4位数,并已调用读函数readDat()把这些数存入到数组a中。请编制一函数jsValue(),其功能是:求出千位数上的数加百位数上的数等于十位数上的数加个位数上的数的个数cnt,再把所有满足此条件的4位数依次存入数组b中,然后对数组b的4位数从大到小进行排序,最后调用写函数writeDat()把数组b中的数输出到OUT.DAT文件。

例如:7153,7+1=5+3,则该数满足条件,存入数组b中,且个数cnt=cnt+1。

8129,8+1≠2+9,则该数不满足条件,忽略。

注意:部分源程序存放在PROG1.C中,程序中已定义数组:a[300],b[300],已定义变量:cnt。请勿改动主函数main()、读函数readDat()和写函数writeDat()的内容。

【试题程序】

```
1   #include <stdio.h>
2   int a[300], b[300], cnt =0;
3   void readDat();
4   void writeDat();
5
6   void jsValue()
7   {
8
9   }
10
11  void main()
12  {
13      int i;
14      readDat();
15      jsValue();
16      writeDat();
17      printf("cnt =%d\n", cnt);
18      for(i =0; i <cnt; i ++)
19          printf("b[%d] =%d\n", i, b[i]);
20  }
21
22  void readDat()
23  {
24      FILE * fp;
25      int i;
26      fp =fopen("IN.DAT", "r");
27      for(i =0; i <300; i ++)
28          fscanf(fp, "%d,", &a[i]);
29      fclose(fp);
30  }
31
32  void writeDat()
33  {
34      FILE * fp;
35      int i;
36      fp =fopen("OUT.DAT", "w");
37      fprintf (fp, "%d\n",cnt);
38      for(i =0; i <cnt; i ++)
39          fprintf(fp, "%d,\n", b[i]);
40      fclose(fp);
41  }
```

第10套　上机真题

下列程序的功能是：利用以下所示的简单迭代方法求方程：

cos (x) - x = 0 的一个实根。

xn + 1 = cos(xn)

迭代步骤如下。

(1)取 x1 初值为0.0。

(2)x0 = x1，把 x1 的值赋给 x0。

(3)x1 = cos(x0)，求出一个新的 x1。

(4)若 x0 - x1 的绝对值小于0.000001，执行步骤(5)，否则执行步骤(2)。

(5)所求 x1 就是方程 cos(x) - x = 0 的一个实根，作为函数值返回。

请编写函数 countValue ()实现程序要求，最后调用函数 writeDAT()把结果输出到文件 OUT. DAT 中。

注意：部分源程序存放在 PROG1. C 中。请勿改动主函数 main()和写函数 writeDAT()的内容。

【试题程序】

```
1   #include <stdlib.h>
2   #include <math.h>
3   #include <stdio.h>
4   void writeDAT();
5   float countValue()
6   {

7   }
8
9   void main()
10  {
11      system("CLS");
12      printf("实根=%f\n",countValue());
13      printf("%f\n",cos(countValue()) -
            countValue());
14      writeDAT();
15  }
16  void writeDAT()
17  {
18      FILE * wf;
19      wf = fopen("OUT.DAT","w");
20      fprintf(wf,"%f\n",countValue());
21      fclose(wf);
22  }
```

4.2　参考答案

第1套　上机真题答案(参考本书第6套上机试题答案)

第2套　上机真题答案(参考本书第8套上机试题答案)

第3套　上机真题答案(参考本书第5套上机试题答案)

第4套　上机真题答案(参考本书第17套上机试题答案)

第5套　上机真题答案(参考本书第19套上机试题答案)

第6套　上机真题答案(参考本书第12套上机试题答案)

第7套　上机真题答案(参考本书第14套上机试题答案)

第8套　上机真题答案(参考本书第15套上机试题答案)

第9套　上机真题答案(参考本书第30套上机试题答案)

第10套　上机真题答案(参考本书第33套上机试题答案)

附　录

附录1　运算符的优先级与结合性

表1　运算符的优先级与结合性

优先级	运算符	含义	类型	结合方向
最高 1	( ) [ ] - > .	函数或优先运算 数组下标 结构、联合指针成员引用 结构、联合成员引用	单目	从左到右
2	-、+ ! ~ ++、-- (类型名) * & sizeof	取负和取正 逻辑非 按位取反 自加1和自减1 强制类型转换 指针间接引用 取地址 求字节数	单目	从右到左
3	*、/、%	乘法、除法和取余	双目	从左到右
4	+、-	加法和减法	双目	从左到右
5	< <、> >	按位左移和右移	双目	从左到右
6	>、> =、<、< =	关系运算：大于、大于等于、小于、小于等于	双目	从左到右
7	= =、! =	关系运算：等于、不等于	双目	从左到右
8	&	按位与	双目	从左到右
9	∧	按位异或	双目	从左到右
10	|	按位或	双目	从左到右
11	&&	逻辑与	双目	从左到右
12	‖	逻辑或	双目	从左到右
13	?:	条件运算	三目	从右到左
14	=、+=、-= * =、/ =、%= > > =、< < =、& = | =	赋值类运算	双目	从右到左
15 最低	,	逗号运算	多目	从左到右

说明：在优先级别不同时，运算由优先级决定；在同一优先级别中，运算的先后则由结合方向决定。例如，表达式 x * y/z 因由左到右结合而等价于(x * y)/z，而表达式 x = y = 10 因运算从右到左结合而等同于 x = (y = 10)。

附录2 C语言关键字

表1 C语言关键字

auto	double	int	struct
break	else	long	switch
case	enum	register	typedef
char	extern	return	union
const	float	short	unsigned
continue	for	signed	void
default	goto	sizeof	volatile
do	if	static	while

说明:关键字 volatile 的作用是限制编译器不要对该变量所参与的操作进行某些优化,大纲中没有明确要求,试题中也未见到。

附录3 C语言库函数

库函数是C语言不可分割的一部分,此处分类列出C语言所提供的部分常用库函数及定义它的头文件以供参考。本附录中注重说明函数所具有的功能,而函数的使用方法说明是扼要的,具体使用格式可直接参考系统所提供的头部文件。

表1 数学函数(头文件 math.h)

函数原型	功能	说明
int abs(int x)	计算整数的绝对值	
double cos(double x)	余弦函数	
double exp(double x)	e的指数函数	返回ex
double fabs(double x)	计算浮点的绝对值	
double sin(double x)	正弦函数	
double labs(long x)	计算长整型数的绝对值	
double log(double x)	自然对数函数	返回 $\log_e x$
double log10(double x)	对数函数	返回 $\log_{10} x$
double pow(doublex,doubley)	指数函数	返回 x^y
double sqrt(double x)	平方根函数	
double tan(double x)	正切函数	

表2 标准输入输出函数(头文件 stdio.h)

函数原型	功能	说明
FILE(符号常数)	文件类型	
EOF(符号常数)	文件结束符	值为-1
int fclose(FILE *fp)	关闭文件fp	
int feof(FILE *fp)	测试指针fp是否到文件尾。若是,返回非零值,否则返回0	

（续表）

函数原型	功　能	说　明
int fgetc(FILE *fp)	从文件 fp 中读取一个字节	返回读出字符
int fgets(char *s,int n,FILE *fp)	从文件 fp 中读取长度至多为 n-1 个字节到 s	返回 s
FILE *fopen(char *fname, char *mode)	以 mode 方式打开文件 fname	返回文件指针或 NULL(出错)
int fprintf(FILE *fp,char *format,…)	格式化文件写	
int fputs(char *s,FILE *fp)	将字符串 s 写入文件 fp 中	
int fread(void *ptr,int size,int n,FILE *fp)	从文件 fp 中读取连续的 n 块大小为 size 的数据块到 ptr 中	
int fscanf(FILE *fp,char *format,…)	格式化文件读	
int fwrite(void *ptr,int size,int n,FILE *fp)	向 fp 写 n 个 size 字节数据块,首址 ptr	
char gets(char *s)	标准输入一个字符串	
int getchar(void)	标准输入一字符	
int printf(char *format,…)	格式化输出	
int putchar(intc)	标准输出一个字符	
int puts(char *s)	标准输出一个字符串	
int scanf(char *format,…)	格式化输入	

表 3　串与内存操作函数(头文件 string.h 和 mem.h)

函数原型	功　能	说　明
void *memcpy(void *dest,void *src,unsigned n)	把 src 所指的内存中的前 n 个字符复制到 dest 中。注意 src 和 dest 不应重叠	定义于 mem.h
void *memmove(void *dest, void *src, unsigned n)	与 memcpy()相同,但允许 dest 和 src 的地址重叠	定义于 mem.h
char *strcat(char *dest,char *src)	将串 src 连接到 dest 之后	
int strcmp(char *s1,char *s2)	比较串 s1 和 s2 的大小。在 s1<s2,s1=s2 和 s1>s2 时分别返回负数、0 和正数	
char *strcpy(char *dest,char *src)	把串 src 复制到 dest 中	
unsigned strlen(char *s)	求串的实际长度	
char *strrev(char *s)	将串 s 首尾倒置	
char *strstr(char *s1,char *s2)	返回在串 s1 中第一次出现串 s2 的地址,无 s2 时返回 NULL	

表 4　内存管理函数(头文件 stdlib.h 和 alloc.h)

函数原型	功　能	说　明
void *calloc(unsignednitems, unsigned size)	分配 nitems 块大小为 size 字节的存储空间,即 nitems*size 个字节	若分配失败返回 NULL
void free(void *block)	释放由 block 指向的内存,将其返回给堆	
void *malloc(unsigned size)	从堆中分配 size 个字节的空间	失败返回 NULL
void *realloc(void *block,unsigned size)	将 block 指向的内存块重分配为 size 大小	